SOUS L'ATOME
LES PARTICULES

DOMINOS
Collection dirigée par Michel Serres
et Nayla Farouki

ÉTIENNE KLEIN
SOUS L'ATOME LES PARTICULES

Un exposé pour comprendre
Un essai pour réfléchir

DOMINOS
Flammarion

Étienne Klein. Né en 1958, chercheur au CEA (Commissariat à l'énergie atomique), Étienne Klein a participé à divers grands projets, en particulier à la mise au point du procédé de séparation isotopique par laser et à l'étude d'un accélérateur à cavités supraconductrices. Actuellement détaché au CERN (le Laboratoire européen de physique des particules), à Genève, il travaille dans l'équipe qui étudie le futur grand collisionneur européen, le LHC (Large Hadron Collider).

Il donne depuis plusieurs années des cours de physique quantique et de physique des particules à l'École centrale de Paris. Persuadé qu'on ne doit pas donner de la science une image exclusivement technicienne, il y dispense aussi un enseignement de philosophie des sciences. Il prépare actuellement une thèse de doctorat dans cette matière.

Il a fondé, avec l'astrophysicien Marc Lachièze-Rey, l'association Kronos, qui s'intéresse à la question du temps, en physique et dans les autres disciplines.

Il préside depuis 1992 la commission Physique et Médias de la Société française de physique.

Ses principales publications destinées au grand public sont :

Conversations avec le Sphinx : les paradoxes en physique, Livre de Poche, coll. « Biblio. Essais », Hachette, 1994.
Regards sur la matière : des quanta et des choses, en collaboration avec Bernard d'Espagnat, Fayard, 1993.
Le Temps, coll. « Dominos », Flammarion, 1995.
La Physique quantique, coll. « Dominos », Flammarion, 1996.

L'auteur tient à remercier les électrons du LEP (l'accélérateur du CERN), qu'il a souvent pris comme exemples. Ne souhaitant surtout pas enfreindre la sacro-sainte symétrie matière-antimatière, il remercie pareillement leurs partenaires positifs, les positrons.

© Flammarion 1996
2e édition
ISBN : 2-08-035187-7
Imprimé en France

Sommaire

La première fois qu'apparaît un mot
relevant d'un vocabulaire spécialisé, explicité
dans le glossaire, il est suivi d'un ⋆

A la mémoire de ma mère

Avant-propos

Une des idées fausses de la bourgeoisie
de la Restauration, c'est de croire à la particule.
La particule, on le sait, n'a aucune signification.
                                  VICTOR HUGO,
        Les Misérables (IIIᵉ part., liv. IV, chap. I)

Un photon de lumière aiguë vient frôler un atome de
matière. Fugace télescopage au fin fond du réel. En sur-
gissent deux électrons, un de chaque signe, vifs et
rapides comme l'éclair, enfin presque ; ils ralentissent,
courbent leur trajectoire, lancent des photons ; s'ils se
rencontrent à nouveau, ils fusionnent l'un dans l'autre
puis disparaissent en émettant, comme leur dernier
soupir, deux furtifs grains de lumière. Souvent, lumière
et matière déclinent une grammaire alternative, comme
si la nature avait des feux clignotants.

L isant cette entrée en matière, ceux qui ont déjà eu
sous les yeux un cliché de chambre à bulles★
(photo p. 9) auront deviné de quoi il va ici être
question : des particules, et du spectacle qu'elles don-
nent dans les arènes du microcosme. Pour avoir vu

leurs traces curvilignes dérouler de sinueuses symé-tries, ils savent qu'elles se prêtent volontiers à d'éphé-mères chorégraphies. Le monde de l'infiniment petit a du goût pour l'élégance.

Paradoxalement, la physique des particules est une activité à la fois énorme et discrète, imposante et mal connue. Elle mobilise des moyens colossaux mais n'a guère les honneurs de la cimaise. Moins en tout cas que la conquête spatiale : lorsqu'un astronaute a pour la première fois foulé le sol lunaire, tout homme a pu se « projeter » dans son aventure, quelles que fussent sa culture et sa contrée. C'est un peu comme si l'huma-nité tout entière, psychologiquement préparée par Jules Verne et Hergé (Impey Barbicane et Tintin), avait marché d'un même pas sur la Lune. Mais si des physiciens détectaient demain matin le fameux « boson de Higgs », dont l'existence est prédite par presque tous les théoriciens, que se passerait-il ? Cela provo-querait – là aussi – une jubilatoire excitation, mais cette ivresse resterait confinée au sein d'une commu-nauté d'experts. Alors, si l'on veut que cette joie, pro-mise pour bientôt, soit une joie partagée, il convient d'y préparer les esprits. En somme il s'agit, pour nous tous, de devenir contemporains de nous-mêmes.

Si notre lecteur se demande ce qu'est ce « boson de Higgs » et quel intérêt il peut bien avoir, qu'il sache qu'il n'est pas le seul. Il est même en excellente com-pagnie puisque le ministre britannique chargé de la science, sir William Waldegrave lui-même, a soumis les scientifiques à la question, un jour de printemps 1993. Il a été jusqu'à promettre une bouteille de cham-

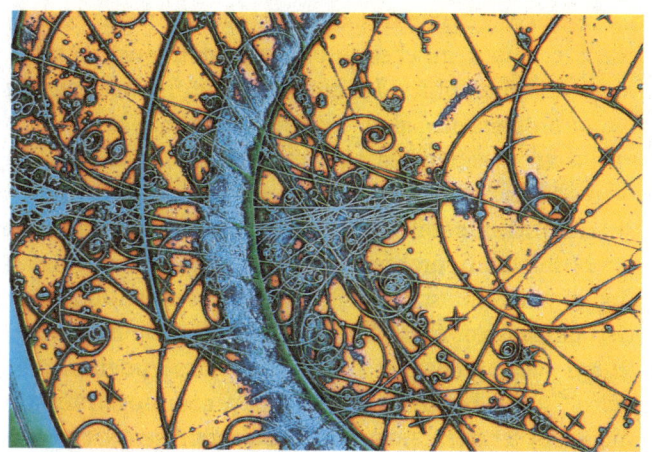

Cliché de chambre à bulles.
*La chambre à bulles
est un dispositif de détection
des particules.
Chacun de ces deux mots, chambre
et bulle, évoque le repos et la sieste,
mais c'est très trompeur.
Un tel détecteur rend au contraire
manifestes les arcanes
très violentes de l'infiniment petit.
D'un maniement lourd,
il n'est plus utilisé aujourd'hui,
mais il a permis,
depuis son invention en 1953,
d'identifier de nombreuses particules.*
Ph. © CERN.

pagne à quiconque parviendrait à lui expliquer de façon compréhensible l'intérêt qu'il y aurait à financer la recherche dudit boson. Le défi est de taille, mais pourquoi ne pas tenter ensemble de nous hisser à sa hauteur ?

La science n'est pas une activité démocratique. Elle n'a d'ailleurs pas vocation à le devenir : il n'a jamais été question de voter pour ou contre la loi de la gravitation universelle et, en 1905, Einstein et sa relativité

9

ont eu raison contre la majorité des physiciens. Mais la science, non démocratique dans sa construction, n'en est pas moins républicaine dans son esprit : elle est « affaire publique ». Il appartient à ceux qui la vivent et en vivent de l'expliquer, de l'expliquer, et de l'expliquer encore.

La physique des particules est, de par son objet et ses buts, une discipline frontière. Dans son expression théorique, elle fait appel à des concepts mathématiques très élaborés, fort éloignés de nos mathématiques lycéennes ; dans son aspect expérimental, elle est à la limite des possibilités technologiques du moment, tant les moyens qu'elle mobilise sont gigantesques et sophistiqués. Les choses sont ainsi : le monde dit « de l'infiniment petit », aux apparences si diaphanes, réclame une physique lourde. Tel est le prix à payer pour prendre le réel en filature.

Cette lourdeur expérimentale se double parfois d'une lourdeur conceptuelle, même si celle-ci n'est pas sans élégance. Une page d'article spécialisé peut être plus illisible qu'un tag, et lorsque, au cours d'un séminaire, un théoricien s'adresse à ses collègues, il dit des choses incompréhensibles pour les novices. Cela ne doit pas nous décourager. Après tout, les mathématiques pures sont encore plus difficiles ; de même les mécanismes de l'économie internationale, qui influent directement sur notre vie de tous les jours. Si celles et ceux « qui ne sont pas de la partie » lisaient notre ouvrage, ils ne comprendraient pas intégralement les propos du physicien cité plus haut, mais – reconnaissant le prélude de l'air qu'il joue – ils saisiraient *de quoi* il parle. Ils auraient fait ce qu'il est convenu d'appeler un premier pas.

La physique des particules est une discipline récente. Au début du siècle, il n'y avait que quelques dizaines de physiciens dans le monde (surtout en Europe) à s'intéresser aux particules. Il y en a aujourd'hui plus de dix mille, qui construisent d'énormes machines, les accélérateurs. Ils y font circuler de la matière à la vitesse de la lumière, puis provoquent des collisions entre particules ; de nouvelles particules apparaissent, qu'ils repèrent à l'aide d'immenses détecteurs ; puis ils tentent de comprendre ce qui a bien pu se passer.

Mais pourquoi diable devrions-nous, à la remorque de ces gens-là, nous intéresser nous aussi aux particules ? A dire vrai, les arguments ne manquent pas. D'abord, tout comme l'eau et le vin, la fleur et le nuage, le caillou et l'étoile, il semble que nous soyons tous faits de particules batifolantes, et il faudrait être bien peu curieux pour ne rien vouloir savoir d'elles ; ensuite, les machines qu'utilisent les physiciens, aussi bien les accélérateurs que les détecteurs qui les équipent, sont financées grâce à une partie de nos impôts ; or nous sommes tous contribuables, bon gré mal gré, et leurs grosses machines sont donc – aussi – un peu les nôtres. Elles ne se font en tout cas pas sans notre contribution, aussi passive soit-elle. Voilà au moins deux raisons, l'une très pure, l'autre très pratique, pour que nous exercions un droit de regard sur les activités et les découvertes des physiciens de l'abîme. En veut-on une troisième ? Ces derniers sont *a priori* les mieux placés pour nous dire où sont les «bonnes articulations du poulet», et aussi pour nous raconter l'histoire de l'Univers.

La simplicité des pages qui vont suivre ne doit pas faire illusion : le savoir accumulé depuis bientôt un siècle dans cette discipline n'est pas facilement accessible. Complexe, immense, foisonnant, aride, il garnit les rayons des bibliothèques des laboratoires, caché derrière des barricades de reliures, ou dans quelques cervelles bien agencées. Mais, tout comme à la SNCF, on peut aisément repérer ses grandes lignes et les mettre en avant.

On l'aura compris, ce livre a de saines ambitions d'indicateur.

Détecteur de l'expérience OPAL.
OPAL est l'une des quatre énormes expériences installées autour de l'anneau LEP, le grand collisionneur du CERN. Son détecteur permet d'étudier

les multiples modes de désintégration d'une des particules qui médiatise l'interaction faible, le $Z°$, dont la durée de vie est très courte $(10^{-25}\ s)$.
Ph. © CERN/Dallmann.

Les particules et nous

Remarques apéritives

En guise de mise en jambes cérébrale, partons de ce que nous savons et interrogeons-nous à propos de trois ou quatre choses que nous connaissons tous, d'expérience ou par ouï-dire, et qui, pour peu qu'on leur prête attention, sont très surprenantes.

Des monstres pour d'infimes particules

Le premier fait d'expérience qui s'impose à tout visiteur d'un laboratoire de physique des particules, c'est le gigantisme des installations : le Large Electron Positron (LEP), qui est le plus gros accélérateur du Centre européen de recherche nucléaire (CERN) et du monde (d'aucuns le surnomment le « seigneur des anneaux »), fait 27 km de circonférence ; ses détecteurs sont eux aussi immenses : l'un deux contient plus d'acier que la tour Eiffel. N'y a-t-il pas là un paradoxe ? La vocation de la physique des particules étant d'étudier de minuscules objets, ne devrait-on pas s'attendre à ce que la taille de ses scalpels diminuât en proportion de la taille des objets étudiés ? Or c'est exactement le contraire que l'on voit. Pour explorer l'intérieur de la matière, les physiciens disposent d'énergies très élevées, fournies par les microscopes monstrueux que sont les accélérateurs de particules. D'où vient cette contradiction de taille?

Pour étudier une particule, il faut d'une façon ou d'une autre «l'éclairer», c'est-à-dire envoyer sur elle un faisceau de... particules (pas nécessairement lumineuses). Une expérience de physique des particules consiste donc d'abord à envoyer des particules «sonde» sur des particules «cible». Soit. Mais pourquoi faut-il de grands accélérateurs pour produire ces sondes? Pour le comprendre, il faut rappeler deux résultats incontournables de la physique.

D'abord, une relation étrange, établie en 1923 par Louis de Broglie, qui concerne la dualité onde-corpuscule*. Sous ce terme se cache l'idée qu'à toute particule est associée une onde, ce qui rend les particules aussi ambiguës que la chauve-souris de La Fontaine qui se présente tantôt comme un oiseau, tantôt comme une souris, mais n'est ni l'un ni l'autre. Les particules, elles, se présentent, suivant le contexte de leur observation, tantôt comme des corpuscules, tantôt comme des ondes mais ce ne sont ni des ondes ni des corpuscules. Que sont-elles alors si leur identité est double? C'est sur cette question (et en particulier sur le sens qu'il convient de donner ici au mot «associé») que porte depuis soixante ans l'épineux débat quantique. Ce que Louis de Broglie a établi à ce propos, c'est que la longueur d'onde de l'onde *associée* à une particule est d'autant plus courte que la particule en question est plus rapide.

Ensuite, une loi de l'optique, qui veut qu'un phénomène ondulatoire n'interagisse qu'avec les objets de dimension supérieure à sa longueur d'onde. Les vagues dans l'océan ne sont pas affectées par la présence d'un nageur car celui-ci est petit devant la distance séparant deux vagues successives ; en revanche, elles sont perturbées par la présence d'un gros navire. Les vagues « voient » les paquebots, pas les baigneurs. En clair, si la particule que nous choisissons pour cible est petite, la particule sonde devra avoir une petite longueur d'onde. Sinon, elle ne sondera rien.

Il suffit d'articuler ces deux lois pour obtenir la réponse que nous cherchions : plus les structures que l'on veut étudier sont petites et plus la longueur d'onde des particules sonde qui les frappent doit l'être aussi ; cette longueur d'onde étant d'autant plus petite que l'énergie de ces particules est plus élevée, il faut disposer, pour étudier les objets microscopiques, d'accélérateurs puissants (et donc coûteux) capables de donner beaucoup d'énergie aux particules sonde. Voilà pourquoi les physiciens désirant observer des phénomènes toujours plus ténus ont besoin d'énergies toujours plus grandes. C'est la dure loi du sport quantique.

Les accélérateurs sont des microscopes géants. Ils jouent à l'égard de l'infiniment petit le rôle que jouent la lunette de Galilée et les autres télescopes à l'égard de l'infiniment grand : ils permettent d'explorer ce qui est invisible à l'œil.

Donnons des chiffres. L'unité fétiche dont les physiciens des particules se servent pour apprécier une énergie est l'électronvolt (noté eV), et tous les multiples de ce dernier : le keV (mille eV, prononcer *kaive*), le MeV (un million d'eV, *maive*), le GeV (un milliard d'eV, *jaive*), TeV (mille milliards d'eV, *taive*)… Comme son nom l'indique presque, l'électronvolt est l'énergie que gagne un électron⋆ accéléré par une différence de potentiel de 1 volt (si l'électron est initialement au repos, cette accélération⋆ porte sa vitesse à 600 km.s^{-1}). Il vaut 1,6.10^{-19} joule. Ce que nous venons d'expliquer signifie quantitativement qu'une particule de quelques keV scrute l'angström, soit 10^{-10} m (la taille de l'atome), qu'à 100 MeV elle voit le fermi, soit 10^{-15} m (la taille du proton⋆), qu'à 100 GeV elle atteint le millième de fermi. Ce dernier cas est celui du LEP.

S'il vous plaît…
dessine-moi une particule

Nous avons d'emblée parlé de particules, sans dire ce que ce mot signifie. Qu'est-ce qu'une particule au juste ?

Le concept de particule (ou celui d'atome, au sens étymologique du terme) a été une idée philosophique avant d'être un objet d'étude de la physique. L'atome des Grecs anciens a subi au cours des siècles les plus extraordinaires métamorphoses jusqu'à finalement s'installer dans le formalisme mathématique où il reste aujourd'hui confiné : il est maintenant bien certain que les particules n'ont pas grand-chose à voir avec les petites boules par lesquelles on les représente trop souvent. Ce n'est pas parce qu'on est capable de les manipuler qu'elles sont faciles à décrire.

Le cadre formel au sein duquel on décrit les particules et leurs interactions est la théorie quantique des champs. Malgré son nom, cette théorie n'emprunte rien aux techniques agricoles. A coup d'arguments mathématiques, elle défend l'idée que les particules ne sont que les différents états d'excitation d'un champ, lequel lui-même n'est pas une «vraie» chose, mais au mieux ce que les mathématiciens appellent un opérateur. Entendant cela, un théoricien orthodoxe prendrait soin d'ajouter qu'à toute particule correspond «une représentation irréductible du groupe de Lorentz inhomogène» (*sic*). Belle litote, certes, mais il nous sera permis de douter qu'elle puisse remplir d'aise les béotiens.

Alors, en termes simples, qu'est-ce qu'un champ* quantique? C'est l'objet mathématique qu'il a fallu inventer pour décrire les particules. Si ces dernières ne sont plus représentables par des points ou par des formes géométriques, c'est parce qu'un champ quantique n'évolue pas dans l'espace ordinaire, mais dans des espaces abstraits qui en sont une généralisation. Un électron, par exemple, est décrit par un champ quantique électronique qui, comme une onde classique, se répartit dans tout l'espace. Il a une valeur en chaque point. Mais l'analogie s'arrête là car sa signification n'est pas celle d'un champ classique. La mécanique quantique interprète un champ quantique en disant que la probabilité de trouver – lors d'une mesure – un électron en un point donné de l'espace est liée à l'amplitude du champ en ce point. La signification réelle d'un tel énoncé fait, elle aussi, partie du débat quantique.

En vertu d'une autre loi quantique, le principe de Heisenberg★, plus la réalité se fait minuscule, plus elle devient mouvante et rapide. Aucun regard, aucun instrument ne peuvent plus en donner une image : elle devient impossible à représenter. Même si le Petit Prince en personne le demandait avec insistance, personne ne pourrait lui dessiner une particule. Il devra se faire, tout comme les physiciens, à l'impuissance de l'image. Car notre besoin de voir, si irrépressible soit-il, se trouve ici irrémédiablement frustré : on ne peut pas représenter visuellement les particules. Mais cette absence de clarté tangible est-elle si regrettable ? Ne faut-il pas plutôt considérer que cette fin de l'image entrebâille les portes de l'imaginaire ? D'un imaginaire qui tirerait sa légitimité de la science elle-même, impuissante qu'elle est à nous montrer vraiment les choses ?

Faudrait-il aller jusqu'à dire qu'une particule n'est pas une chose ? Peut-être, mais cela n'aurait guère de sens : que serait en effet une chose qui ne serait pas une chose ? Le dictionnaire nous dit d'ailleurs que le mot *chose* n'a pas de contraire, ou plutôt qu'il n'en a qu'un, c'est *rien*. Or une particule n'est pas rien. Alors disons simplement qu'une particule n'est pas une chose ordinaire, qui serait la version miniature des objets de la vie courante. Mais n'est-ce pas le contraire qui eût été étonnant ?

Dans ce contexte, il est difficile d'échapper à une abstraction qui, par degrés, rejette toujours plus loin

Théoriciens à l'œuvre.
*Les physiciens doublent
le monde des apparences
d'un monde de signes, empruntés
au langage mathématique,
et utilisent des concepts introuvables
dans l'expérience courante.
Les concepts mathématiques*
*saisissent-ils le réel
ou ne font-ils que le transcrire ?
Quelle est leur véritable
correspondance dans la réalité ?
Et comment se fait-il
qu'en physique, les mathématiques,
« ça marche » ?*
Ph. © CERN/Dallmann.

tout possible « existant de base ». Même s'ils ne dédaignent pas d'avoir recours à une certaine forme d'intuition, les théoriciens ne sont plus capables de « se mettre dans la peau » des choses. D'ailleurs, contrairement à leurs prédécesseurs, ils ne se risquent plus guère à parler de la nature de la nature.

Les particules sont toutes invisibles telles quelles. Nous ne pouvons que voir les traces qu'elles laissent dans certains matériaux. Pour combler ce manque à voir, les physiciens sont contraints de doubler le monde des apparences d'un monde de signes empruntés au langage mathématique. Quel lien y a-t-il entre ces deux univers, celui des *percepts* (les phénomènes) et celui des *concepts* (le formalisme)? Il est toujours fascinant de s'interroger sur l'ontologie des objets mathématiques par lesquels on rend compte des observations : quelle est leur correspondance dans la réalité? Sont-ils de vrais êtres ou bien de purs produits de notre esprit? A défaut de connaître la réponse à ce mystère, le poète Roberto Juarroz a du moins su trouver les mots pour le dire (*XIᵉ Poésie verticale*) :

> *Mais qu'y a-t-il à l'intérieur des nombres ?*
> *Le simulacre de la mesure*
> *Et les masques des signes*
> *Nous ont fait oublier leur substance.*

Mais revenons à nos moutons, réclame le Petit Prince. Alors tâchons d'examiner avec lui ce qui se passe lors d'une collision de particules.

Une haute énergie, qu'est-ce ?

A notre échelle, quand deux objets (par exemple deux verres) se percutent, ils volent en éclats. Dans le monde des particules, les choses se passent différemment. Il n'y a pas d'éclats. Une particule ne se brise pas au sens où nous entendons ordinairement ce mot. Le concept même de morceaux de particules n'a d'ailleurs pas de sens, ce qui fait que la métaphore maintes fois citée des poupées russes dont l'emboîte-ment simulerait la structure du monde trouve ici ses limites. C'est plutôt l'énergie du choc qui finit par se transformer en de nouvelles particules, en vertu de l'équation $E = mc^2$ qui nous dit que l'énergie (E) est équivalente à de la masse (*m*). Dans ce cas, 1 + 1 par-ticules font bien 2 particules, mais ces 2 particules sont en général instables : l'énergie qu'elles emportent se « re-répartit » entre masse (de nouvelles particules sont créées, par exemple 4, 12 ou 35) et énergie ciné-tique (ces nouvelles particules sont en mouvement). Ce processus de re-répartition peut être observé à condition qu'il soit lent (qu'il dure plus de 10^{-13} s). Dans le cas contraire, on a l'impression que c'est le choc même qui a créé toutes ces nouvelles particules : 1 + 1 ne font plus 2, mais 4, 12 ou 35. Quoi qu'il en soit, la particule sonde, loin d'être simplement spec-tatrice du phénomène qu'elle permet d'observer, contribue à le susciter.

Certaines des particules créées sont des particules « ordinaires », tels les protons, neutrons★, électrons ou autres neutrinos★ (de mystérieuses particules, omni-présentes dans l'Univers, mais très discrètes) qui exis-tent habituellement dans la nature ; d'autres n'appa-raissent que pour un très court instant. Instables et fugitives, elles se retransforment très rapidement en produisant d'autres particules qui, souvent, se trans-forment à leur tour jusqu'à ce qu'il ne reste plus que des particules stables. De là les spirales arborescentes et les gerbes ondoyantes qui ornent les chambres à bulles.

Les phénomènes observés dans les détecteurs des physiciens ne se produisent spontanément que dans les étoiles ou dans le rayonnement cosmique. Les accélérateurs sont simplement un moyen de les fabriquer ou de les reproduire sur Terre. La plupart des particules étudiées n'étant pas spontanément là, il faut, pour les faire apparaître, recréer les conditions dans lesquelles elles sont naturellement présentes. Il faut franchir le « seuil en énergie » qui les sépare de leur propre réalité, une particule ne pouvant apparaître lors d'une collision que si l'énergie y est suffisante pour qu'une partie de cette énergie se matérialise en cette particule.

Les collisions de particules à haute énergie reproduisent des conditions physiques qui prévalaient dans l'Univers primordial : très forte densité et très haute température. Grâce à leurs expériences, les physiciens simulent des temps anciens. Le LEP, avec ses 100 GeV, nous transporte à quelques fractions de nanoseconde (10^{-9} s) du big-bang*, c'est-à-dire dans une ambiance elle-même très refroidie (10^{15} K [kelvin*]) par rapport à ce qu'elle fut dans les tout premiers instants (10^{32} K). Cela nous autorise à dire que les accélérateurs sont des machines à remonter le temps qui s'est écoulé depuis les premières émanations du big-bang (mais seulement ce temps cosmique, pas celui de notre vécu, ne nous emballons pas).

Mais que représentent au juste ces hautes énergies ? Sont-elles vraiment si énormes ? Choisissons à nouveau le cas du LEP. C'est un collisionneur dans lequel sont accélérés des faisceaux d'électrons et de

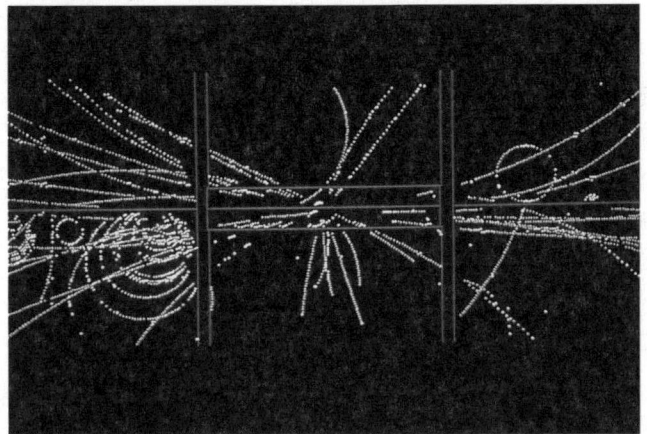

**Collision frontale
de particules.**
*Lors des chocs mutuels
très violents qu'elles subissent
dans les collisionneurs,
les particules sont transformées
en énergie pure, retrouvant
les conditions de température
qui régnaient dans l'Univers*

*peu après le big-bang.
La «boule de feu» ainsi formée
subsiste pendant un très court
instant, puis l'énergie se transforme
en de nouvelles formes de matière :
de nouvelles particules
apparaissent,
comme sorties du néant.*
Ph. © CERN/Dallmann.

positrons de 50 GeV, soit 50 milliards d'électron-volts, voilà qui est impressionnant ! Les accélérateurs seraient-ils des bombes déguisées ?

Pour le savoir, comparons ces 50 GeV à l'énergie d'un objet familier, par exemple... un moustique en vol. Supposons que le diptère en question ait une masse de deux milligrammes et vole à la vitesse de un mètre par seconde (moustique non relativiste...). Ceux que les équations ne rebutent pas savent que son énergie cinétique E_c est donnée par la formule $E_c = 1/2 \ mv^2$ (m étant la masse, v la vitesse), soit ici un microjoule. Convertie en eV, elle devient 6 250 GeV, c'est-à-dire 125 fois plus qu'un électron du LEP ! Or, lorsqu'un électron du LEP entre en collision avec un positron de même énergie, de nombreuses autres particules sont créées, qui n'étaient pas là avant. Mais alors, les moustiques, beaucoup plus énergétiques, ne pourraient-ils pas engendrer, par collisions, encore plus de particules ? Et mieux encore : les voitures ayant davantage d'énergie que les moustiques, ne faudrait-il pas transformer le périphérique parisien en collisionneur, ce qu'il est d'ailleurs à l'occasion ? Eh bien non, la collision de deux moustiques ne donnerait rien d'intéressant, pour la simple raison que ce n'est pas l'énergie qui compte, mais la densité d'énergie, c'est-à-dire la quantité d'énergie par unité de volume. Or le moustique est constitué d'un nombre faramineux d'atomes et de molécules qui se partagent équitablement son énergie totale, ce qui fait que celle portée par chaque constituant est ridiculement faible. L'électron du LEP, lui, est quasiment ponctuel et sa densité d'énergie est immense. Ainsi, en lançant des particules les unes contre les autres, on obtient pour de très brefs instants une énorme concentration d'énergie, suffisante pour donner naissance à de la matière. Avec les moustiques, non. Plutôt que de physique des hautes énergies, on devrait parler de physique des hautes densités d'énergie.

Revenons à cette conversion d'énergie en matière qui lors d'un choc entre deux particules en produit de

multiples autres. En ces circonstances, une propriété
d'objets (la vitesse des particules) se transforme elle-
même en objets (d'autres particules) ; une grandeur
physique s'incarne physiquement. Nous voilà face à
une situation bien peu courante dans la vie ordinaire.
Ceux qui en doutent n'ont qu'à imaginer une seconde
la tête qu'ils feraient si on leur annonçait qu'une bous-
culade entre Carl Lewis et Linford Christie avait
donné naissance à deux baigneuses et trois dauphins !

Résumons-nous : à haute énergie, les carambolages
entre particules provoquent de petites genèses dia-
prées qui font sortir du vide des myriades de particules. Le monde de l'infiniment petit est donc un
monde ouvert. Pour le visiter, il suffit d'en franchir le
seuil. Bien sûr, comme partout, il faut frapper avant
d'entrer. Mais ici, ce n'est pas seulement par politesse :
$E = mc^2$ oblige.

Une particule de haute énergie, ça fait du combien ?

Silence, on tourne.
Un électron du LEP

Les premières générations d'accélérateurs, qu'ils fussent
circulaires ou linéaires, accéléraient un faisceau
jusqu'à ce qu'il atteigne l'énergie souhaitée puis
l'envoyaient sur une cible fixe, constituée de feuilles ou
de blocs de matière dont les noyaux atomiques ou les
nucléons* (protons ou neutrons) interagissaient avec

les projectiles incidents. Les produits de la collision étaient analysés par des détecteurs.

Le bilan énergétique de ce type de réactions n'est pas idéal : chacun sait qu'une collision frontale entre deux voitures lancées l'une contre l'autre fait davantage de dégâts que si la collision se fait contre une voiture à l'arrêt. Dans ce dernier cas en effet, une grande partie de l'énergie cinétique de la voiture incidente est transmise sous forme cinétique à la voiture initialement arrêtée (elle se trouve propulsée par le choc). Dans la situation analogue, où ce sont des particules qui entrent en collision, l'énergie cinétique ne peut pas se transformer intégralement en masse, l'équation $E = mc^2$ ne jouant pas ici à plein rendement. L'énergie cinétique résiduelle communiquée à la particule cible représente un gaspillage d'énergie. Pour améliorer les choses de ce point de vue, il faut travailler avec une cible qui soit elle-même un faisceau se propageant en sens opposé (il n'y a plus alors de distinction entre les particules cible et les particules sonde). Dans ce cas, l'énergie fournie aux particules initiales se transforme en masse avec le maximum d'efficacité. Cette configuration, déjà explorée avec succès, est celle des anneaux de collisions et des futurs collisionneurs* linéaires, dans lesquels deux faisceaux se heurtent frontalement : toute l'énergie des faisceaux est susceptible d'être convertie en masse. Prenons encore l'exemple du LEP dans lequel des électrons de 50 GeV entrent en collision avec des positrons* de même énergie. L'énergie totale disponible est de 100 GeV. Si l'on voulait disposer de la même énergie utilisable en

Le LEP.

Le LEP est un collisionneur circulaire d'électrons et de positrons, situé sous le Jura, dans un tunnel de 27 kilomètres de long. Régulièrement espacés sur toute la circonférence, des aimants guident les particules au sein d'une même chambre à vide : électrons et positrons ayant des masses identiques et des charges électriques opposées, ils suivent la même orbite, mais en sens inverse. Ph. © CERN.

envoyant un faisceau sur une cible fixe, il faudrait que ce faisceau ait une énergie de 10 millions de GeV, soit 200 000 fois plus qu'au LEP, ce qui est techniquement impensable, du moins pour l'instant.

Alors revenons à nos électrons de 50 GeV du LEP. La formule que nous citions plus haut ($E_c = 1/2\ mv^2$) nous donne leur vitesse, pour peu que nous fassions l'effort de l'inverser : $v = (2E/m)^{1/2}$, soit ici 132 623 573 km.s⁻¹, ce qui correspond à 442 fois la vitesse c de la lumière dans le vide ! Or nous avons tous entendu dire un jour ou l'autre que cette dernière est impossible à dépasser. Aurions-nous fait une erreur de calcul ? Non, c'est plutôt notre formule qui cesse d'être valide dès que la vitesse n'est plus négligeable devant celle de la lumière. Il faut alors recourir aux principes de la relativité, qui obligent à remplacer la formule par une autre, où la vitesse de la lumière apparaît effectivement comme une vitesse indépassable pour les particules de masse non nulle. On ne double pas une particule de lumière, nous dit Einstein, on ne la rattrape même pas. Impossible de courir plus vite que la lumière, même si sa vitesse limite de 299 792 458 m.s^{-1} est presque atteinte dans les accélérateurs de particules légères (en toute rigueur, il faudrait une énergie infinie pour y arriver).

On pourrait croire que, dans un accélérateur, les particules vont de plus en plus vite. Plus d'énergie, c'est plus de vitesse, nous souffle notre bon sens newtonien. En réalité, les accélérateurs « accélèrent presque à vitesse constante », c'est-à-dire que, au sens newtonien du terme, ils n'accélèrent pas vraiment : ils communiquent aux particules de l'énergie, sans que leur vitesse augmente notablement puisque – pratiquement – elles vont déjà presque aussi vite que la lumière. En somme, plus on leur donne d'énergie, moins on est efficace à les accélérer. Et vive le paradoxe, comme disait déjà le Grec Zénon d'Élée cinq siècles av. J.-C.

Parler des Grecs, n'est-ce pas justement la bonne manière d'évoquer les commencements de la physique ? Allons voir comment est née chez eux l'idée d'atome.

Histoire d'atomes

Démocrite : des atomes... sinon rien !

Tout ce qui nous entoure est construit à partir des mêmes éléments de base, assemblés de façons différentes. La diversité du monde naît de la diversité des combinaisons de tous ces éléments. Formes, couleurs, odeurs n'en sont que des émanations. Ce discours, que les physiciens d'aujourd'hui pourraient tenir, rappelle celui des philosophes atomistes de l'Antiquité.

L'atomisme est une tradition philosophique qui procède de ce que Gaston Bachelard appelait la « métaphysique de la poussière » ou la « doctrine des chosettes ». A la base de cette conception, on trouve l'idée que la matière serait faite d'entités indivisibles : les particules élémentaires.

Le mot atome signifie en grec « insécable ». L'hypothèse atomiste affirme en effet que la divisibilité de la matière a des limites. Elle permet de surmonter les contradictions de l'idée de continu mathématique : comment une matière divisible à l'infini pourrait-elle avoir de la consistance ? L'idée d'atome a été mentionnée pour la première fois, dit-on, dans les œuvres de

Leucippe de Milet, en 420 av. J.-C. On la retrouve dans celles de Démocrite, son contemporain et disciple, qui était par ailleurs persuadé que la Terre avait la forme d'un tambourin. Cela pour dire que les intuitions des Grecs, souvent louées, n'ont pas été systématiquement géniales.

Démocrite expliquait que la vérité est à chercher «au fond de l'abîme». Que croyait-il qu'il y eût au fond de l'abîme? Une matière constituée de corpuscules en perpétuel mouvement et dotés de qualités idéales : invisibles à cause de leur extrême petitesse, insécables comme leur nom l'indique, pleins comme des œufs et bien évidemment éternels, perfection oblige. De plus, ajoutait-il, malgré leur aspect commun, ils présentent une infinité de formes qui explique la diversité que l'on observe dans la nature. Enfin, l'espace qui les entoure est vide. Démocrite affirmait que, sans le vide, on ne pourrait expliquer ni le mouvement ni les changements de densité, ce à quoi Aristote s'opposera. Pour ce dernier, et pour l'esprit grec en général, il était impossible de concevoir le vide. Comment le vide, ce *non-être*, pourrait-il exister? Où caser cette *latence d'être*? Aristote tenta de démontrer que non seulement le vide était illogique, mais qu'en plus il n'était pas indispensable pour expliquer le mouvement des corps. Il fut écouté pendant très longtemps, au point que l'atome finit par faire le vide autour de lui, mais cette fois au sens figuré.

La doctrine atomiste connut pendant des siècles une éclipse qui laissa place au triomphe durable d'Aristote et de sa «quaternité» élémentaire (l'Eau, l'Air, la Terre, le Feu). Il faut noter que le schéma aristotélicien (des éléments affectés par des qualités qui les font interagir) préfigure à gros traits notre vision actuelle de la structure de la matière : un jeu de particules et de forces.

Au XIXe siècle, l'atome commença d'acquérir un fondement scientifique. Il devint le sujet de controverses virulentes et passionnées entre les savants des différentes disciplines. Le fond du réel est-il continu ou bien atomisé ? Et, dans ce dernier cas, quelle peut bien être la réalité de ces atomes qu'aucun microscope n'a jamais pu exhiber ?

Les méandres de cette renaissance de l'atome étant longs et tourmentés (mouvement brownien, tableau de Mendeleïev, thermodynamique statistique…), il n'est pas possible de les retracer ici. Alors faisons un grand bond jusqu'à ce que…

Thomson esquisse l'atome… que Rutherford met en orbite

En 1897, Thomson découvre un des composants de l'atome, l'électron, noté e^-. C'est la première fois que la barrière qui nous coupait des constituants primordiaux de la matière est franchie. L'infiniment petit commence à se laisser toucher du doigt. On s'aperçoit par ailleurs que, dans certaines circonstances, les atomes émettent ou absorbent de la lumière. Pour rendre compte de cette observation, Thomson imagine que l'atome est une sphère remplie d'une substance électriquement positive et fourrée d'électrons négatifs, un peu comme des grains de raisin dans un pudding.

Idée appétissante, certes, mais quelques années plus tard Rutherford la taille en pièces, c'est le cas de le dire. Il bombarde de minces feuilles métalliques avec des particules $\alpha^\star$ émises par une substance radio-active et constate que l'atome se comporte comme une vulgaire passoire. Les particules projectiles traversent la matière comme si de rien n'était, sauf les rares (une sur dix mille environ) qui ricochent sur des sortes de points durs. Rutherford explique ce résultat par le fait que, contrairement au modèle de Thomson, la charge électrique positive et l'essentiel de la masse de l'atome sont concentrés en un lieu pratiquement ponctuel de la dimension du fermi. C'est la découverte du noyau atomique, dont la charge est un multiple entier de la charge de l'électron (au signe près). Peu après ces expériences, Rutherford propose un modèle planétaire de l'atome : il s'y présente comme un objet composé, semblable à un système solaire miniature, où les électrons se déplacent sur des orbites analogues à celles des planètes autour du Soleil, la force électrique attractive jouant cette fois le rôle de la force gravitationnelle pour les planètes.

Le noyau le plus léger, d'hydrogène, mérite une citation particulière : il n'est autre que le proton, noté p tout simplement.

La représentation de l'atome par Rutherford est en rupture avec les intuitions des philosophes de l'Antiquité : son atome n'est pas indivisible puisqu'il est composite (en ce sens, il échappe à son étymologie), et il n'est pas plein. On peut même dire qu'il contient essentiellement du vide, puisque la distance séparant le noyau des électrons est cent mille fois plus grande que le noyau lui-même (un angström contre un fermi).

Un lingot d'or est composé d'atomes du même nom régulièrement disposés dans l'espace vide, avec des distances entre atomes qui sont elles aussi de l'ordre de l'angström. Il faut donc se convaincre qu'un tel lingot, qui a pourtant l'air si solide, si massif et si lourd, est en réalité composé presque entièrement de vide. Ainsi, l'objet qui incarne à nos yeux la richesse, lorsqu'il est vu avec un gros microscope, ressemble à un désert de matière. Cela fait partie des choses à méditer, surtout en fin de mois.

Le décorticage de l'atome allait révéler des aspects inattendus de la réalité. La mécanique quantique rendra caduc le modèle de Rutherford, qui sera d'abord corrigé par Bohr, puis remplacé par des modèles plus élaborés. Les lois classiques de la physique devenant fausses au niveau microscopique, il a fallu les remplacer par un tout autre formalisme, difficile à traduire en langage courant. Tel est le problème de ceux qui essaient d'écrire des livres de physique sans équations...

Le neutron répond présent

Le modèle de Rutherford a permis de grandes avancées. En étudiant la diffusion de particules α sur divers atomes, Rutherford mesure les charges électriques des noyaux et s'aperçoit que la classification de Mendeleïev correspond à la suite des entiers positifs : un noyau dont la charge est Z fois la charge élémentaire (celle de l'électron) contient Z protons. Pour combler la différence entre la masse des Z protons et celle de l'atome, pratiquement un multiple entier de la masse du proton, Rutherford introduit la notion de proton neutre, de masse voisine mais de charge nulle. Découvert en 1932 par Chadwick, ce proton neutre n'est autre que le neutron (qu'on note n), un peu plus lourd que le proton.

Lorsqu'il est seul, le neutron se désintègre au bout de quelques minutes en un proton et d'autres particules. En revanche, lorsqu'il est à l'intérieur du noyau, il est parfaitement stable. Cette différence de durée de vie, selon que le neutron est seul ou en bande, vient de ce que, dans ce dernier cas, sa masse est en partie consommée dans l'énergie de liaison. Il n'en a plus assez pour pouvoir se désintégrer sans enfreindre la loi de conservation de l'énergie. Des neutrons ou de l'influence du lien social sur l'espérance de vie...

La stabilité du noyau est étonnante. L'énergie de liaison par nucléon (proton ou neutron), c'est-à-dire l'énergie à fournir pour extraire un nucléon, est très élevée, comme si les nucléons répugnaient à sortir du noyau : elle est d'une dizaine de MeV, soit un million de fois plus que l'énergie de liaison d'un électron dans un atome. D'où les questions, inévitables : quelles forces assurent cette cohésion ? Deux charges de même signe ne se repoussent-elles pas ? Qu'est-ce qui combat l'énorme répulsion électrique des protons ? Et les neutrons, sans charge, qui les maintient si fortement à l'intérieur du noyau ? Aucune force classique, ni la force électromagnétique ni la force gravitationnelle, ne peut rendre compte de la taille des noyaux (quelques fermis) et des énergies dont ils sont l'arène. On a donc la preuve qu'il y a ici une troisième force. Après un gros effort d'imagination, on l'a baptisée interaction forte★. Elle est très intense et de courte portée, par opposition aux forces classiques qui sont de faible intensité à l'échelle nucléaire, et de portée infinie.

Nous avons dit répulsion, interaction, portée, intensité, énergie? Le moment est venu de passer en revue les forces de la nature...

Les interactions
se mettent en quatre

S i le fruit tombe, si notre corps tient, la table aussi, si le filament de l'ampoule éclaire et si le timbre humide adhère, c'est qu'un jeu de forces assure la cohésion des choses et organise leur mouvement. Pour décrire son petit monde, la physique contemporaine fait intervenir quatre interactions jugées fondamentales : la gravitation, bien sûr ; l'interaction électromagnétique ★, qui rend compte de la cohésion de la matière à notre échelle ; l'interaction faible★, qui gère certains processus radioactifs ; et enfin l'interaction forte, que nous venons de découvrir, qui lie les constituants des noyaux.

En physique classique, une force entre deux particules se transmet dans l'espace par l'entremise de champs : un champ, engendré par une particule, se propage puis agit sur l'autre particule. La théorie quantique des champs oblige à revoir cette conception. Elle explique d'abord que, pour qu'il y ait interaction, il faut qu'il y ait échange de quelque chose. Ce quelque chose, c'est un quantum de champ, c'est-à-dire une particule caractéristique de ce champ. D'où il advient qu'une interaction ne s'exerce entre deux particules que par l'échange d'une troisième qui «médiatise» l'interaction. Donnons une image (évidemment fausse mais pas trop) de ce que cela signifie.

Imaginons deux barques à la dérive sur un lac. L'occupant de chaque barque est démuni de toute espèce d'objet qui pourrait l'aider à diriger son embarcation. En particulier, il n'a ni rames ni pagaies et nul garde-côte ne point à l'horizon. Supposons que les deux barques se dirigent l'une vers l'autre de telle sorte que la collision paraisse inévitable. Inévitable ? Pas tout à fait. Car si l'un des occupants dispose d'un objet massif, par exemple un ballon, et qu'il le lance avec assez de vigueur au passager de l'autre bateau, qui le lui renvoie et ainsi de suite, les deux embarcations s'écartent l'une de l'autre. La succession des lancers a créé une force répulsive qui modifie les trajectoires. Il y a eu interaction.

Dans cette affaire, le ballon a joué le rôle de «médiateur» de la force. Le langage de la théorie des champs préfère dire qu'il est le boson* de jauge de l'interaction. Comme on ne peut pas le détecter directement, on dit qu'il est virtuel.

Sachant qu'un ballon lourd oblige à faire des passes courtes, on comprend que la portée d'une force soit d'autant plus faible que le boson de jauge de l'interaction a une masse plus élevée. Si l'on y réfléchit, c'est bien le ballon de basket qui détermine la dimension des terrains de basket : celle-ci correspond à peu près à la portée d'une passe (compte tenu de la résistance de l'air).

Pour être plus correct, il convient de resituer ce résultat dans le contexte quantique car on voit bien qu'il y a un problème : le processus d'échange de ballon ne respecte pas la loi de conservation de l'énergie ! En effet, la particule qui émet le ballon conserve son énergie en même temps qu'elle en donne au ballon qui «sort» d'elle. Autrement dit, si l'énergie est bien conservée, une particule ne devrait pas pouvoir se désintégrer en elle-même et en une autre. En réalité, un tel processus est toléré par la mécanique quantique, mais c'est à la condition qu'il ne prenne pas trop de temps : le délai accordé pour rembourser l'énergie «empruntée» par le ballon est d'autant plus court que la masse de ce dernier est plus élevée. S'il est lourd, il n'a pas le temps d'aller loin et la portée de la force est courte.

Ce n'est pas tout. L'intensité d'une interaction est caractérisée par ce qu'on appelle une constante de couplage*, notée α (elle n'a rien à voir avec la particule du même nom). C'est un nombre sans dimension (c'est-à-dire un nombre pur, qui n'a pas d'unité), qui mesure l'efficacité relative de l'interaction. Il est d'autant plus grand que la force en question est plus intense.

Une dernière chose à propos des interactions. Nous avons dit qu'elles sont à l'origine de la cohésion de la matière, mais elles ne font pas que cela : ces mêmes forces régissent aussi les processus de transformation des particules en d'autres plus légères. Lorsqu'une particule instable se désintègre, c'est sous l'effet de l'une des interactions dont nous avons parlé. Plus l'intensité de l'interaction qui est en jeu est grande, plus probable est la désintégration et donc plus courte est la durée de vie de la particule «victime» de l'interaction.

Pour mieux les présenter, classons les interactions par ordre de notoriété décroissante.

La gravitation

C'est à la gravitation que nous devons rendre grâce chaque fois que nous apprécions d'être assis. C'est elle qui nous tient sur nos chaises. Plus généralement, elle gouverne maints aspects de notre vie quotidienne, de la chute des corps au mouvement des planètes. Pourtant, son intensité est incomparablement plus faible que celle des autres interactions (sa constante de couplage est de l'ordre de 10^{-38}), si bien qu'on peut la négliger aux énergies qui sont en jeu en physique des particules.

Il faudrait des énergies cent millions de milliards de fois plus fortes que celle du LEP pour que la gravitation devienne comparable à l'interaction électromagnétique. Si l'on disposait de particules aussi énergiques (10^{19} GeV), on pourrait observer des détails de 10^{-33} cm (longueur de Planck★), échelle à laquelle la gravitation devient dominante.

Toutes les particules sont sensibles à la gravitation, y compris les photons qui sont pourtant sans masse (les rayons lumineux sont déviés par le Soleil).

L'interaction gravitationnelle★ est toujours attractive et de portée infinie (sa force décroît comme l'inverse du carré de la distance). Nous venons de dire que, pour qu'elle se manifeste, il faut des conditions exceptionnelles comme les premiers instants du big-bang où la densité d'énergie était très élevée, ou bien (ce qui revient au même) de très petites échelles de longueur (10^{-33} cm). Comment se fait-il alors qu'elle soit aussi importante pour nous ? C'est que, étant toujours attractive, la force gravitationnelle est cumulative : elle est proportionnelle au nombre de particules mises en jeu. Voilà pourquoi, bien qu'étant très faible à l'échelle des particules, cette force devient prépondérante à l'échelle macroscopique. Les interactions électromagnétiques n'ont pas cette propriété : elles ne se cumulent pas aussi efficacement. Elles sont tantôt attractives, tantôt répulsives (selon le signe des charges en présence), si bien que la neutralité électrique de la matière annule leurs effets à longue distance.

Un objet compact de masse faible est dominé par l'interaction électromagnétique. C'est pourquoi il peut avoir n'importe quelle forme : table, bouteille, bicyclette... Mais lorsque la quantité de matière mise en jeu dépasse un certain seuil, les forces de gravitation finissent par l'emporter sur les forces électriques, et l'objet en question ne peut exister que sous forme *grosso modo* sphérique. C'est pourquoi les planètes et les étoiles ne peuvent être que rondes, tandis que les astéroïdes de moins de 300 km de rayon ont encore le droit d'avoir des formes cabossées. Qu'on le déplore ou non, il n'y a pas de soleil cubique.

Tant d'astres rondouillards dans le ciel, c'est donc la faute à la gravitation.

Le médiateur présumé de la gravitation s'appelle le graviton. En tant que ballon d'une force de portée infinie, il a nécessairement une masse nulle. Il n'a toujours pas été découvert. Mais ses effets sont si minuscules et les parasites si nombreux…

L'interaction électromagnétique

C'est la mieux comprise des quatre interactions. Elle présente certaines analogies avec l'interaction gravitationnelle qui a comme elle une portée infinie. La théorie de l'électromagnétisme s'appelle l'électrodynamique quantique. Vérifiée avec une extraordinaire précision, elle a toute la confiance des physiciens. Elle explique que l'interaction électromagnétique résulte de l'échange de photons virtuels, impossibles à détecter en tant que tels. Toutes les particules chargées ou pourvues, comme le neutron, d'un petit aimant (un « moment magnétique ») subissent sa loi.

Les forces électromagnétiques peuvent avoir des effets très subtils. Par exemple, entre les atomes ou les molécules existent des forces qui sont en général attractives, bien qu'il s'agisse de corps électriquement neutres. Ces forces de Van der Waals, comme on les appelle, résultent de la combinaison des attractions et répulsions électriques, qui ne se compensent pas toujours exactement.

Autrefois, l'électricité et le magnétisme étaient conceptuellement séparés et il fallait une kyrielle de lois pour décrire leurs effets. Mais on sait depuis le XIXe siècle que le magnétisme est un effet provenant du mouvement des charges... électriques. Cette correspondance veut par exemple qu'une boussole soit perturbée par les éclairs d'orage. Maxwell a pu écrire l'équation qui résume l'intégralité des phénomènes électromagnétiques, prédisant au passage que la lumière est un ébranlement électromagnétique. Cette équation reste aujourd'hui encore une merveille d'économie intellectuelle pour ceux qui n'ont qu'à l'appliquer.

La constante de couplage de l'électromagnétisme α vaut 1/137. D'une façon générale, une constante de couplage mesure la proportion dans laquelle sont modifiées, du fait de l'interaction, les grandeurs physiques. Vérifions-le ici, en prenant l'exemple d'une famille de particules qu'on appelle les pions*. D'abord prédits en 1937 par un théoricien japonais, Hideki Yukawa, afin de rendre compte de l'interaction nucléaire, ils furent mis en évidence après la Seconde Guerre mondiale dans le rayonnement cosmique. La famille des pions est composée de trois membres (tous instables), chacun d'eux correspondant à un état de charge électrique. Ce sont le π^+, le π^- et le π^0. A part cela, toutes leurs propriétés physiques sont identiques. On s'attendrait donc à ce que la masse du π^+ (et du π^-) soit rigoureusement égale à celle du π^0, mais ce serait oublier que le π^+ porte une charge qui engendre un champ électrique et que l'énergie propre de ce champ contribue à sa masse. Cet effet-là, d'origine purement électromagnétique, ne concerne pas le π^0 puisque ce dernier est électriquement neutre (il n'engendre pas de champ électrique).

La mesure des masses du π^+ et du π^0 donne 139,5 MeV/c^2 et 134,9 MeV/c^2 respectivement. Comme nous l'annoncions, la différence relative de ces masses

$$\frac{139,5 - 134,9}{134,9} = 0,0341 = 4,67\alpha$$

est de l'ordre de grandeur de la constante de couplage α.

Autrement dit, si un démon pouvait «débrancher» l'interaction électromagnétique en appuyant sur un bouton, la masse de tous les pions deviendrait aussitôt identique. Un tel démon n'existant pas, l'interaction électromagnétique est constamment «branchée» et elle a pour effet d'augmenter la masse des pions chargés, en proportion de sa constante de couplage. Profitons de cet exemple pour faire une remarque à propos de l'unité avec laquelle on mesure la masse d'une particule. En vertu de l'équivalence de cette dernière avec l'énergie ($E = mc^2$, là encore), on peut la mesurer par une énergie divisée par le carré de la vitesse de la lumière, par exemple en MeV/c^2 comme nous venons de le faire pour les pions. Mais très souvent, on l'exprime directement en unité d'énergie (MeV), négligeant de diviser par c^2. Ce n'est pas pure paresse puisque cela revient simplement à prendre la célérité de la lumière comme unité de mesure des vitesses ($c = 1$), choix qui n'est pas stupide quand on traite de particules. Exprimée dans cette unité, toute vitesse de particule est nécessairement inférieure ou égale à 1 puisqu'une particule ne peut pas aller plus vite que la lumière.

L'interaction forte

La constante de couplage de l'interaction forte justifie à elle seule son appellation musclée. Elle est de l'ordre de 1, ce qui veut dire que cette interaction modifie les propriétés des particules d'un montant comparable à la valeur qu'elles auraient s'il n'y avait pas... d'interaction forte ! Une autre manière de se rendre compte de l'intensité de cette interaction est le temps extrêmement court qu'elle met à se manifester : il est de l'ordre de 10^{-23} s, parfois plus faible encore. C'est par exemple le temps que mettent certaines particules instables, les résonances★ (telles les particules ρ, ω, Δ), pour se désintégrer en d'autres particules plus légères. On ne connaît pas dans la nature de phénomènes qui soient plus pressés d'aboutir que ceux-là.

La portée de l'interaction forte étant très courte, environ un fermi, elle n'influence que les particules qui sont à l'intérieur du noyau. C'est pourquoi cette force est d'apparence si discrète à notre échelle. Il a d'ailleurs fallu attendre le XXe siècle pour la découvrir.

Toutes les particules de matière ne subissent pas l'interaction forte. Celles qui y sont sensibles s'appellent les hadrons★, les autres sont les leptons★. Une particule de matière n'a pas d'autre choix que d'être soit un hadron, soit un lepton.

On pense aujourd'hui que les interactions entre nucléons sont la manifestation d'interactions plus fondamentales entre quarks, les particules qui composent les hadrons. De même que la charge électrique est à la source de la force électrique, la charge de couleur★

serait à l'origine de cette interaction forte. Attention, dire que les quarks portent une charge de couleur ne signifie pas qu'ils sont réellement « colorés » en vert, jaune, rouge, comme le sont les boules de glace. C'est simplement une manière analogique de désigner une sorte d'étiquette qu'ils portent, qu'on a nommée « couleur » pour des raisons que nous verrons plus loin. L'interaction forte est transmise par des particules d'interaction, les gluons★, dont le nom vient de ce que les quarks restent « collés » les uns aux autres lorsqu'on tente de les séparer. Les quarks★ ne peuvent être isolés à l'état libre : ils sont « confinés » à l'intérieur des hadrons, ce qui enlève un peu de son sens à la notion de portée des forces.

La théorie de l'interaction forte s'appelle la chromodynamique quantique★, par allusion à la charge de couleur que nous évoquions à l'instant. Ses calculs sont extrêmement complexes, en particulier à cause de la grandeur de la constante de couplage. Ils le sont un peu moins à haute énergie puisque alors la constante de couplage diminue (donc cette constante varie, ah! ces physiciens…). De tels calculs nécessitent l'aide d'ordinateurs très puissants, si puissants qu'on a parfois envie de penser que l'interaction forte est trop compliquée pour l'esprit humain. Même si ce n'est pas vrai, au moins ça décomplexe.

L'interaction faible

On la présente souvent comme étant responsable de la radioactivité β, le phénomène par lequel le neutron se

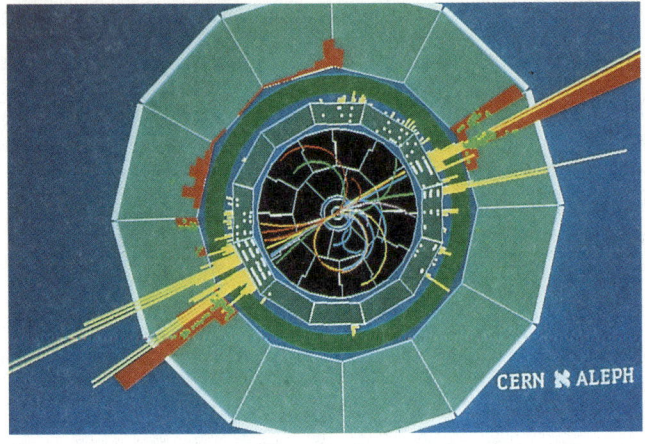

Désintégration d'un Z⁰.

*Le Z⁰ peut se désintégrer
de diverses façons,
par exemple en une paire formée
d'un quark et d'un antiquark.
Ni le quark ni l'antiquark
n'étant capables de se propager
librement dans le vide,*
*chacun donne un jet de hadrons,
dont on voit ici les traces.
Les trajectoires
qui sont les moins courbées
(par le champ magnétique)
correspondent aux hadrons
les plus énergétiques.*
Ph. © CERN/Dallmann.

désintègre en un proton et d'autres particules. Elle initie les réactions thermonucléaires qui permettent à notre Soleil (et à toutes les étoiles) de produire l'énergie qui nous fait vivre, et ce pendant très longtemps justement parce que l'interaction faible est… faible.

La constante de couplage faible est environ dix mille fois moins élevée que celle de l'interaction électromagnétique, d'où son nom. Sa portée étant aussi très courte (un millième de fermi), elle est quasiment une interaction de contact, un peu comme la colle.

Les temps caractéristiques de cette interaction, nécessaire à sa pleine manifestation, sont beaucoup plus longs que ceux des interactions électromagnétique ou forte : il faut quelques nanosecondes au π^+ pour se désintégrer par interaction faible, mais seulement 10^{-16} seconde au π^0 pour faire de même électromagnétiquement. Cette différence fait que l'interaction faible est souvent masquée par les autres forces. Que voulez-vous, la raison du plus fort...

On sait aujourd'hui que l'interaction faible est transmise par des particules massives (environ 80 fois plus lourdes que le proton) qu'on appelle les bosons intermédiaires : ce sont les W^+, W^- et Z^0, découverts au CERN en 1983. L'existence de ces trois particules à très courte durée de vie (10^{-25} s pour le Z^0) avait été prédite quelques années auparavant par une théorie audacieuse unifiant les interactions électromagnétique et faible (de la même manière que l'unification de l'électricité et du magnétisme avait rendu nécessaire l'onde électromagnétique). Théorie audacieuse car les interactions faible et électromagnétique sont si différentes des énergies ordinaires qu'il fallait être sacrément optimiste pour espérer les unifier. Pourtant, cela a marché. La théorie de l'interaction électrofaible existe. Ses principes officialisent le mariage, en apparence contre nature, des bosons intermédiaires de masse élevée et du photon*, qui pourtant ne fait pas le poids. Elle a été parfaitement confirmée par l'expérience, du moins à l'énergie accessible dans les plus grosses machines (100 GeV). A des distances de l'ordre de 10^{-18} mètre, celles qui précisément sont explorées par le LEP, les effets des forces électromagnétique et faible sont comparables. Mais à basse énergie, la différence de masse entre le photon et les bosons intermédiaires est telle qu'on peut faire la distinction entre les deux interactions (c'est d'ailleurs fort heureux, la théorie électrofaible n'étant pas toute simple !).

Excentrique de nature, l'interaction faible aime se faire remarquer. C'est ainsi qu'elle refuse d'obéir à certaines symétries* élémentaires que ses consœurs respectent scrupuleusement, par exemple la symétrie par parité. Chacun comprend bien que l'image dans un miroir d'une expérience de physique n'est pas identique à l'expérience elle-même : gauche et droite sont inversées. Mais les physiciens ont longtemps cru que cette image correspondait aussi à une expérience de physique, réalisable comme l'autre en laboratoire. Autrement dit, on ne change pas le monde en le regardant dans une glace puisque la physique, croyaient-ils, ne sait pas distinguer sa droite de sa gauche (ce qui en soi n'est pas très grave puisqu'elle ne prend pas le volant). Par exemple, si un faisceau laser se propage vers un miroir, perpendiculairement à la surface de celui-ci, l'image miroir de ce faisceau représentera un faisceau laser se propageant en sens inverse du vrai faisceau laser. Pour reproduire réellement une telle image, il suffit de retourner le laser dans le laboratoire et le (demi-) tour est joué. C'est cette invariance de la physique par réflexion dans un miroir que les physiciens appellent la conservation de la parité. A leur grande surprise, ils découvrirent en 1957 que cette règle n'est pas respectée par l'interaction faible.

L'image dans un miroir d'un processus régi par cette interaction ne peut pas être réalisée telle quelle en laboratoire (ou dans la nature). On dit que l'interaction faible « viole la conservation de la parité » ou « brise la symétrie P ». Nous verrons plus loin qu'elle fait bien pire encore.

Les forces font l'union

> *La certitude de l'Univers*
> *passe par la servitude de l'unitaire.*
> JOËL MARTIN, physicien (et contrepéteur)

Avoir pu réduire la description du monde physique connu à un jeu aussi limité de forces (quatre) est déjà une prouesse. Mais les théoriciens ne voudraient pas s'arrêter là. Comme inspirés par Balzac pour qui « l'unité est la plus simple expression de l'ordre », ils ont fait un rêve, celui d'unifier la description de l'Univers physique.

Les constantes de couplage des quatre interactions varient avec l'énergie mise en jeu, de sorte qu'il existe une échelle d'énergie où elles deviennent comparables. D'où l'espoir que, à partir des principes qui déterminent la façon dont les forces agissent, on pourrait bâtir une théorie dans laquelle chacune d'elles n'apparaîtrait que comme une facette d'une force unique. L'avenir seul dira si ce rêve est promesse ou chimère (on n'unifiera pas les forces de force !). En attendant, les physiciens dépensent beaucoup d'énergie, pas seulement intellectuelle, pour tenter de l'atteindre.

Cette quête d'unité, inachevée, a fait germer un nombre abyssal d'idées de toute sorte, dont beaucoup sont passées aux profits et pertes de l'histoire sous le signe négatif. Mais elle a dans le même temps franchi des étapes décisives, depuis la pomme qui tomba sur le crâne de Newton jusqu'à la découverte récente des quarks, en passant par la relativité⋆ d'Einstein, qui unifie les descriptions physiques de l'espace et du temps, et aussi celles de l'énergie et de la masse. Le désir d'exprimer de façon synthétique les lois fondamentales est un principe moteur de la physique (et de la science en général), même s'il n'a pas été systématiquement couronné de succès.

Car il ne suffit pas de faire simple pour faire vrai. La lumière, pour ne citer qu'elle, n'a pas la simplicité originelle dont le langage la rend synonyme. Il n'y a donc aucune raison *a priori* de sanctifier le trait d'union. Néanmoins, Galilée, Newton, Maxwell, Einstein avaient la « rage d'unifier ». C'est au point qu'on ne pourrait pas imaginer une physique qui ne s'appuierait pas sur une telle démarche, au moins dans ses visées ultimes. Et puis, que ne dirait-on pas d'une science qui ne traiterait que du particulier et du local ?

D'autant que des progrès spectaculaires ont été accomplis au XXᵉ siècle : nous n'avons parlé que de l'unification électrofaible, qui fut un premier stade décisif, mais ce sont maintenant trois des quatre interactions qui ont été fondues dans un même moule théorique, sous-tendu par le principe d'invariance de jauge⋆. Cette dénomination exige une mise en garde auprès des férus de mécanique : dire d'une théorie qu'elle est invariante de jauge ne signifie pas que son niveau d'huile est constant... Nous verrons qu'en vérité l'invariance de jauge donne des forces de la nature une interprétation élégante et féconde, et c'est sur elle que les théoriciens comptent pour unifier les quatre interactions.

Fermion ou boson : le partage des rôles

Nous avons dit que la physique quantique* a modifié notre conception des particules individuelles. Mais ce n'est pas tout : elle a aussi révolutionné notre compréhension des systèmes composés d'un grand nombre de particules identiques.

Dans la conception classique, l'identité des molécules d'un gaz, par exemple, n'empêche pas l'identification propre de chaque molécule : on peut connaître le sort de chacune d'entre elles en suivant sa trajectoire. Or la notion de trajectoire n'a plus de sens en physique quantique. Il n'est donc plus possible, dans un ensemble de particules identiques, de les suivre individuellement et de repérer leurs destins particuliers. Le système n'existant plus que de façon collective, la connaissance de l'état global d'un ensemble de particules ne permet pas d'attribuer un état défini à chaque particule. C'est un peu comme si toutes les particules à la fois occupaient tous les états individuels, de façon communautaire et inséparable.

Plus précisément, le formalisme quantique distingue deux types de particules (prises au sens large : atomes, particules composites, particules élémen-

LES PARTICULES ET NOUS

taires…), que nous décrirons d'une façon abusivement anthropomorphique : d'un côté les particules plutôt solitaires, qu'on appelle les fermions*, de l'autre les particules sans grande personnalité, avides d'attroupement, qu'on nomme les bosons. Toute particule doit choisir son camp, définitivement : elle est soit un fermion, soit un boson.

Les fermions sont individualistes et asociaux. Ils obéissent au principe d'exclusion de Pauli*, qui, en interdisant à deux fermions identiques de se trouver dans le même état physique, les rend mutuellement impénétrables. Ainsi un état collectif de fermions sera-t-il construit à partir d'états individuels tous différents.

Les bosons, à l'inverse, ne sont pas farouches. N'étant pas concernés par le principe de Pauli, ils obéissent plutôt à un principe de grégarité, marquant leur préférence pour les états collectifs construits à partir d'états individuels identiques. Pas question, pour eux, de se faire remarquer. Ils préfèrent être ensemble et faire les mêmes choses.

Ces deux types de comportement se retrouvent dans les propriétés des systèmes macroscopiques. Dans un système de fermions, tout se passe comme si le caractère individualiste des constituants induisait entre eux une répulsion qui s'ajoute aux forces physiques qu'ils subissent déjà. Inversement, un système de bosons montre une sorte d'attraction réciproque qui lui donne une cohérence d'ensemble. Prenons l'exemple de l'hélium 4 (dont le noyau contient quatre nucléons : deux protons et deux neutrons) qui devient liquide à la température de 4,2 K à la pression ordinaire. Si l'on diminue encore sa température, son comportement change brutalement au-dessous de 2,172 K. Par exemple, sa viscosité devient nulle ! Il traverse les capillaires les plus fins et grimpe gaillardement le long des parois d'un récipient. Bref, il devient intenable.

Cela vient de ce que les atomes d'hélium 4 sont des bosons. A très basse température, l'agitation thermique devient trop faible pour masquer la cohésion à laquelle ils aspirent. Leur panurgisme devient manifeste, leur solidarité s'affirme enfin : ils viennent tous occuper le même état de plus basse énergie. Du coup, les dissipations d'énergie sont entravées puisque les atomes d'hélium ne peuvent plus être ralentis individuellement par collisions avec les parois du tube où ils s'écoulent. Le flot solidaire s'écoule sans résistance aucune. Ce phénomène étrange s'appelle la superfluidité. Nous avons pris ici l'exemple d'un boson, l'atome d'hélium 4, qui est un système composite. Nous aurions tout aussi bien pu prendre l'exemple des photons, qui sont eux aussi des bosons, mais élémentaires : lorsqu'ils s'attroupent, cela donne le phénomène laser, qui est à la lumière ce que la superfluidité est à l'hélium liquide.

Entre les fermions et les bosons, il y a une autre différence : au cours d'un processus physique, quel qu'il soit, la parité du nombre de fermions ne peut pas changer. Autrement dit, le nombre de fermions ne peut être modifié que de deux en deux : un fermion ne peut apparaître ou disparaître que si un autre apparaît ou disparaît. Les bosons, au contraire, peuvent apparaître ou disparaître en nombre quelconque.

De plus, tous les fermions connus portent des charges, électriques ou autres, alors que certains bosons (le photon ou le π^0) sont dépourvus de toute charge et ne transportent que des grandeurs dynamiques, telle l'énergie ou l'impulsion. On est donc porté à conférer aux fermions un statut plus « matériel » qu'aux bosons. Certes, un fermion peut apparaître ou disparaître, mais il ne le fait jamais tout seul, et jamais sans laisser de trace (il emporte ou transmet des charges). Un boson, en revanche, peut sortir du vide ou y retourner. Les fermions sont les seuls à avoir une certaine permanence.

Enfin, parce que les fermions obéissent au principe de Pauli, la probabilité d'en trouver deux ensemble, au même endroit et au même instant, est nulle. Ce résultat illustre une caractéristique qu'intuitivement on attend des particules de matière, l'impénétrabilité mutuelle. Cette propriété explique la solidité et la structure des objets macroscopiques. Elle ne concerne pas les bosons, qui eux ont le droit de se superposer et qui s'en servent dès qu'ils le peuvent (deux faisceaux de lumière, composés de photons, peuvent se croiser sans dégâts). C'est aussi ce qui permet d'obtenir des forces d'interaction additives.

C'est en vertu de ces différences que l'on considère aujourd'hui que les fermions fondamentaux sont les « vrais » constituants de la matière, ses « briques élémentaires ». Ce sont d'un côté les quarks (fermions sensibles à l'interaction forte), de l'autre les leptons fondamentaux (fermions insensibles à l'interaction forte).

Comme on l'a vu, les interactions sont elles aussi décrites en termes de particules, celles-ci étant leurs agents de liaison. Ces particules porteuses des forces ne sont pas des particules de matière : ce sont des particules d'interaction. On appelle bosons fondamentaux les bosons qui jouent le rôle de médiateurs des quatre interactions que nous avons présentées. Ce sont : le photon, les bosons dits intermédiaires pour l'interaction faible, les gluons (huit) pour l'interaction forte entre quarks, et l'hypothétique graviton. En clair, ces bosons sont les ballons dont nous parlions plus haut et les fermions fondamentaux sont les possibles occupants des barques.

Ces choses étant dites, revenons à un peu d'histoire.

Les antiparticules tombent du ciel en sortant du vide

Dirac fut un physicien brillant mais peu loquace. Il parlait si peu que ses collègues de Cambridge donnèrent son nom au quantum (à l'unité) de débit verbal : le dirac vaut un mot... par an ! Difficile, en effet, d'avoir une prolixité moindre.

En 1927, le même Dirac cherche l'équation qui serait capable de rendre compte du comportement d'un électron de haute énergie. Il en trouve une, celle qui justement porte son nom, par des voies purement mathématiques. Il montre qu'une solution de l'équation correspond au comportement effectivement observé de l'électron, avec ses deux états de spin* possibles. Qu'est-ce que le spin, demanderez-vous ? Il est bien difficile de parler d'un tel concept, typiquement quantique, sans utiliser d'images. Or toutes les images quantiques sont fausses. Comment faire alors ? Peut-être faut-il, de temps à autre, accepter les compromis et procéder par métaphore : la plus judicieuse consiste à dire que le spin correspond à une rotation de l'électron sur lui-même ; si on mesure le spin, on s'aperçoit qu'il ne peut prendre que deux valeurs, comme si l'électron était une toupie ne pouvant tourner que vers la droite ou vers la gauche avec une vitesse bien définie. Aucune autre valeur n'est possible. En particulier, il n'existe pas d'électron qui ne «tourne» pas : cela correspondrait à une valeur nulle du spin.

Mais ce n'est pas tout. Dirac remarque qu'à cause de la symétrie entre espace et temps voulue par la relativité son équation a d'autres solutions, inévitables, d'énergie négative. Classiquement, elles n'ont pas de sens car leur présence rendrait la matière intrinsèquement instable : celle-ci pourrait «descendre» vers ces énergies négatives en émettant des gerbes croissantes de rayonnement. Alors, pour sauver son équation, excellente par ailleurs, Dirac fait preuve d'une audace extraordinaire : il propose l'idée d'antiparticule*, de positron (e^+) en l'occurrence, de même masse et de même spin que l'électron e^- mais de charge opposée. On imagine ce qu'a pu être sa joie (muette ?) lorsque, en 1932, Anderson identifia dans le rayonnement cosmique un jumeau de l'électron, chargé positivement : le positron inventé par lui existait bel et bien ! La nature semble aimer l'équation de Dirac, à moins que ce ne soit l'inverse.

De façon générale, la théorie quantique relativiste indique qu'à toute particule correspond nécessairement une antiparticule, de charge opposée, qui lui est en quelque sorte symétrique. Cela double le nombre des constituants fondamentaux. Les antiparticules forment l'antimatière, qui peut être créée en même temps que la matière pour peu qu'on dispose de suffisamment d'énergie. L'antiproton, de charge négative, fut

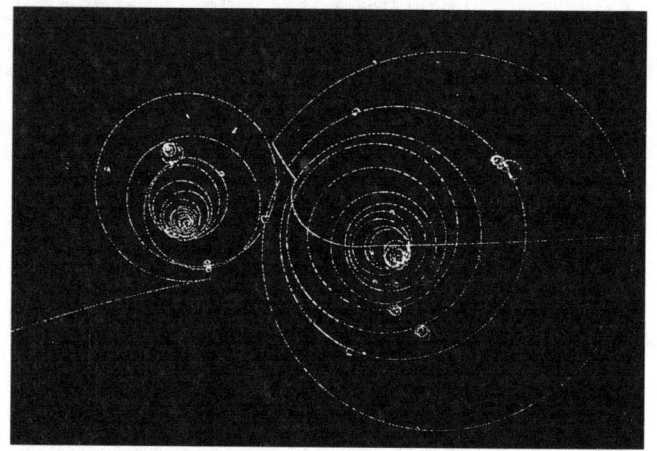

Matière et antimatière.
*Si l'on dispose
de suffisamment d'énergie,
on peut créer de l'antimatière
en laboratoire, et même l'accélérer
dans des accélérateurs de particules,*
*comme on le fait
avec des positrons dans le LEP.
Au contact de la matière,
l'antimatière s'annihile
très rapidement.*
Ph. © CERN.

découvert en 1955. Pour l'antineutron, il fallut attendre un an de plus.

L'énergie libérée lors d'une collision proton-proton peut se matérialiser en un proton et un antiproton ($\bar{p}$). On parle alors de création de paire.

C'est ainsi que les antiprotons peuvent être produits par la réaction :

$$p + p \longrightarrow p + p + p + \bar{p}$$

Pour les antineutrons ($\bar{n}$), ce peut être grâce à :

$$p + p \longrightarrow p + p + n + \bar{n}$$

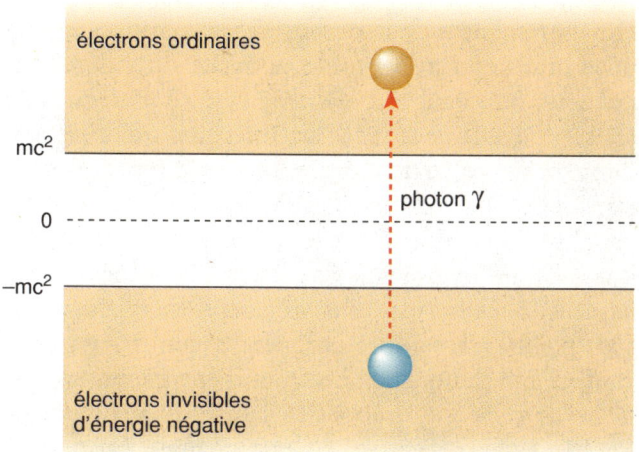

électrons ordinaires

mc^2

0

$-mc^2$

photon γ

électrons invisibles
d'énergie négative

**Création d'une particule
et de son antiparticule.**
*Des électrons « ordinaires »
de masse m ont toujours une énergie
positive, supérieure à $m_e c^2$.
Au-dessous de cette valeur se trouve
un intervalle de hauteur $2m_e.c^2$
jusqu'à une mer infinie
d'électrons invisibles*

*et d'énergie négative.
Un photon γ peut élever
une de ces particules d'énergie
négative au-dessus de $m_e . c^2$.
Un nouvel électron est alors créé,
accompagné d'un « trou
dans la mer » qui se matérialise
sous la forme d'un positron.
On a créé une paire $e^+ - e^-$.*

La mer et le vide

En contrebas, immense
comme une éternité tranquille, frémissante à l'infini,
inéluctable comme la mort
et plus crédible que Dieu,
la mer considérable s'en fout intensément.
PIERRE DESPROGES,
Chroniques de la haine ordinaire

Dirac prend acte de la découverte du positron et propose une description toute nouvelle du vide*. Jusqu'alors, on s'était représenté le vide comme quelque chose de réellement vide : on imaginait qu'un espace dont on aurait extrait toute forme de matière et de rayonnement ne contenait absolument rien, en particulier pas d'énergie. Dirac entreprit de donner au vide une certaine consistance : il émet l'hypothèse selon laquelle, dans le vide, tous les états d'énergie négative sont pleins, c'est-à-dire occupés chacun par un électron, ce qui fait que les électrons d'énergie positive ne peuvent plus y «tomber» (à cause du principe de Pauli). Tous ces états d'énergie négative forment la «mer de Dirac», aussi pleine qu'un œuf mais tout à fait inobservable.

Mais si un électron (invisible) de la mer gagne suffisamment d'énergie, sous l'influence d'un événement quelconque, il quitte son état d'énergie négative, autrement dit, il sort de la mer et se place dans un état d'énergie positive. Il devient alors observable sous la forme d'un électron «normal» (voir schéma p.61). Le trou qu'il a laissé dans la mer devient lui aussi observable, comme une particule de charge opposée à celle de l'électron puisqu'il correspond à l'absence d'un électron. C'est le positron !

Même s'il a fallu abandonner cette façon de voir le vide au profit de modèles plus sophistiqués, il n'en reste pas moins que le vide des physiciens ne sera plus jamais un pur néant plein d'absence. Il est plutôt une sorte de prologue de la matière, de réservoir, d'écho larvé. Il manifeste une structure active. Par exemple,

il peut ne pas répondre à certaines propriétés d'invariance pourtant satisfaites par les équations qui régissent le comportement de la matière. C'est ainsi que les
physiciens le croient aujourd'hui hanté par le champ
de Higgs (tiens, tiens, monsieur Waldegrave…),
champ auquel les particules seraient couplées. Plus
précisément, la masse des particules trouverait sa
source dans ce couplage. Nous y reviendrons.

Une dernière précision, à propos du spin. Il y a une
corrélation étrange entre la valeur de spin d'une particule et sa façon de se comporter en société, c'est-à-
dire parmi ses semblables. On peut en effet démontrer
que les fermions (asociaux) ont nécessairement un
spin demi-entier (c'est-à-dire égal à un nombre impair
divisé par deux), tandis que les bosons (grégaires) ont
un spin entier. Ce critère peut même servir, si on en a
envie, de définition des fermions et des bosons.

La valse des étiquettes

En vertu du principe selon lequel on n'est jamais
mieux servi que par soi-même, certaines particules
sont leurs propres antiparticules, par exemple le photon ou le pion neutre π^0. De telles particules sont
dites : états propres de la conjugaison de charge. On
peut s'étonner que le neutron, qui est neutre lui aussi,
ne soit pas identique à l'antineutron. Cela vient de ce
que les particules transportent d'autres charges que la
charge électrique. Ces «charges généralisées» sont des
sortes d'étiquettes, liées à la façon dont les particules
se comportent. Elles permettent aussi de les classer en

catégories différentes. Certaines de ces étiquettes, la masse ou la charge électrique par exemple, nous sont familières ; d'autres, comme le nombre baryonique, l'isospin★ ou l'étrangeté★, sont plus mystérieuses car elles ne nous sont pas directement perceptibles. Les particules, elles, peuvent les lire et agir en « reconnaissance de cause ». La perception des étiquettes est fonction de l'équipement sensoriel des particules : toutes ne les voient pas toutes, leur vue est sélective. Les électrons, par exemple, ne distinguent pas la couleur des quarks.

Revenons à notre neutron. Comme le proton, il a un nombre baryonique B égal à + 1. Son antiparticule, qui en est le symétrique, a un nombre baryonique opposé, c'est-à-dire égal à - 1. Conclusion : neutron et antineutron, différant par au moins un nombre quantique, ne sont donc pas identiques.

Ce résultat n'est pas purement formel. Il a des conséquences pratiques tout à fait conséquentes : lorsqu'un neutron rencontre un autre neutron, on assiste à une collision ordinaire, chacun d'eux repartant dans une direction différente de sa direction incidente ; mais lorsqu'un neutron rencontre un antineutron, ils s'annihilent pour donner par exemple deux photons. Avouez que ce n'est pas pareil !

Les charges généralisées sont des nombres additifs. Celle qu'on affecte à un système de particules est simplement la somme des charges individuelles. Cette somme peut être conservée ou non lors d'une interaction. Par exemple, la charge électrique est conservée par toutes les interactions, tandis que l'étrangeté est conservée par l'interaction forte mais non par l'interaction faible.

Considérons le processus

$$p + p \longrightarrow p + p + \bar{n}.$$

Bien qu'il respecte scrupuleusement la conservation de la charge électrique, il n'a jamais été observé. On pense que s'il est interdit, c'est parce qu'il ne conserve pas le nombre baryonique

(1 + 1 = 2 au départ, 1 + 1 - 1 = 1 à l'arrivée)

Cela, l'interaction forte ne le tolérerait pas.

Ce qu'on vient de dire illustre un credo (ou une recette *ad hoc*?) des théoriciens. Ils pensent que «tout ce qui n'est pas interdit est obligatoire». Alors, lorsqu'un phénomène *a priori* possible ne se produit pas, ils disent que c'est parce que la nature n'en veut pas, puis ils inventent une règle théorique qui l'empêche effectivement de se produire. Le plus souvent, c'est une règle de sélection ou de conservation d'une nouvelle charge (le nombre baryonique dans le cas que nous venons de voir). Ne leur dites surtout pas que c'est là une recette bien étrange. C'est précisément grâce à elle qu'est née en physique des particules le concept d'étrangeté !

La symétrie de croisement

Les physiciens sont gens à principes. Il en est un qu'ils brandissent avec une fière assurance : il s'agit de la symétrie de croisement. Considérons une réaction connue du type :

$$a + b \longrightarrow c + d$$

Le principe en question dit que n'importe laquelle de ces particules a, b, c ou d peut être croisée du membre de gauche au membre de droite à condition que dans le même temps on la transforme en son anti-particule. Il garantit que les réactions ainsi obtenues existent bien.

En clair, les processus :

$$a \longrightarrow \bar{b} + c + d$$
$$a + \bar{c} \longrightarrow \bar{b} + d$$
$$\bar{c} + \bar{d} \longrightarrow \bar{a} + \bar{b}$$

etc.

sont possibles dès lors que la réaction initiale l'est.

Cette règle est extrêmement puissante. Prenons l'exemple de l'annihilation d'un électron et d'un positron en deux photons γ :

$$e^+ + e^- \longrightarrow \gamma + \gamma .$$

En vertu de notre principe et nous rappelant que le photon est sa propre antiparticule, c'est le même processus que la diffusion d'un photon sur un électron (effet Compton*) :

$$\gamma + e^- \longrightarrow \gamma + e^- ,$$

même si, au laboratoire, ces deux phénomènes sont très différents.

On voit apparaître ici, au niveau le plus fonda-mental, une symétrie qui semble parfaite entre les propriétés de la matière et celles de l'antimatière. Pourtant, on n'a détecté que très peu d'antiparticules libres dans le cosmos. Comment se fait-il donc que l'Univers soit constitué presque exclusivement de matière et non, à part égale, d'antimatière?

Nous avons vu tout à l'heure que l'interaction faible ne respecte pas la conservation de la parité P. Qui pis est, des physiciens ont démontré en 1964 qu'elle brise très légèrement la symétrie matière-antimatière. De quoi s'agit-il? Dans une réaction faisant intervenir des particules et des antiparticules, on peut, par la pensée, remplacer les particules par leurs antiparticules et *vice versa*. Cette permutation de la matière et de l'antimatière est la conjugaison de charge, qu'on note C. On peut bien sûr appliquer successivement les deux transformations C et P à un processus donné, c'est-à-dire d'abord changer les particules en leurs antiparticules (et réciproquement), et ensuite regarder l'image de ce qu'on vient d'obtenir dans un miroir. Si le processus résultant est aussi probable que le processus de départ, on dit qu'il y a invariance sous CP. Ce qu'on a découvert avec stupeur en 1964, c'est que l'interaction faible, incorrigible, viole très légèrement cette symétrie CP. Ce phénomène n'est pas parfaitement compris par les théoriciens. Est-ce grâce à lui que la matière a pu prédominer dans l'Univers? Peut-être. Voilà en tout cas un joli problème de cosmologie, pas encore vraiment résolu, même si les idées à son sujet ne manquent pas.

Avant que notre lecteur ne se mette lui-même à y réfléchir, reparlons-lui de sémantique.

Baryon ou méson :
les deux façons d'être un sac de quarks

> *Il a encore enfilé ce matin trois chaussettes*
> *appartenant à trois paires différentes.*
> *Parce qu'en plus Crab est du genre distrait.*
> ÉRIC CHEVILLARD,
> *La Nébuleuse du crabe*

Au centre de l'atome, au sein du noyau, on devine une
sarabande de protons et neutrons. Collés ensemble
par des forces puissantes, ils s'agitent violemment en
tous sens. Dans chaque proton, dans chaque neutron,
une autre danse : trois quarks, toujours trois, agités
d'un mouvement formidablement rapide. Au cours de
chocs d'une violence terrible, il arrive que l'énergie de
ces quarks se transforme en matière ; une paire de particules nouvelles jaillit alors : un quark et un antiquark.
A l'inverse, quand un quark et un antiquark se rencontrent, ils se détruisent mutuellement et se retransforment en énergie. Et ainsi de suite : quarks et antiquarks apparaissent, se rencontrent, disparaissent au
cours de fugitives catastrophes qui se répètent inces-
samment. Curieusement, un certain ordre règne dans
ce chaos frémissant : en effet, il y a toujours, en chaque
proton, trois quarks de plus que d'antiquarks.

Le proton, nous l'avons dit, est un hadron, c'est-à-
dire une particule sensible à l'interaction forte. On
connaît aujourd'hui plus de trois cent cinquante
hadrons (nous n'en donnons qu'une petite liste, voir
p. 70-71), presque tous instables. Les nucléons et les

pions font partie de cette famille nombreuse. L'électron et le positron en sont exclus puisqu'ils ne subissent pas l'interaction forte.

La famille des hadrons peut elle-même être divisée en deux sous-familles. D'un côté, les hadrons qui sont des fermions : on les appelle les baryons, leur spin est demi-entier et leur nombre baryonique est non nul. De l'autre, les hadrons qui sont des bosons : leur spin est entier, on les appelle les mésons*. Exemples : le proton et le neutron sont des baryons ; les pions sont des mésons.

L'interaction forte ne sait pas faire de différence entre un proton et un neutron : dans les deux cas, elle ne «voit» qu'un nucléon. Protons et neutrons sont – pour elle – des acteurs équivalents. De même, elle traite sur un pied d'égalité les trois membres de la famille des pions, quelle que soit leur charge électrique. Pour traduire cette caractéristique, les théoriciens considèrent que le proton et le neutron vus par l'interaction forte sont deux états particuliers d'un même être, le nucléon. Plus précisément, ils disent que le proton et le neutron forment un «doublet d'isospin» et que, de la même façon, les trois pions forment un «triplet d'isospin». C'est leur façon de faire du regroupement familial. Seule l'interaction électromagnétique est capable de distinguer individuellement les membres de ces familles, par leur charge électrique.

Lorsque la résolution atteint 10^{-17} m (10 GeV), on distingue nettement des points durs à l'intérieur des hadrons (un peu comme Rutherford avait distingué un point dur, le noyau, dans l'atome) : ce sont les quarks

	Types		Nom	Symbole
Hadrons	Baryons (fermions)	Nucléons	Proton	p
			Neutron	n
		Hypérons (plus lourds que le proton)	Lambda	Λ
			Sigma	$\Sigma^{\pm}$
				Σ^0
			Ksi	Ξ^0
				Ξ^-
			Oméga	Ω
			Delta	Δ
			N Star	$N^{\star}$
			–	–
			-	–
	Mésons (bosons)		Pion	$\pi^{\pm}$
				π°
			Êta	η
			Kaon	$K^{\pm}$
				K°
			Rhô	$\rho^{\pm}, \rho^{\circ}$
			Phi	φ°
			Oméga	ω

Classification des hadrons.

Masse (en MeV)	Durée de vie	Charge électrique	Interactions subies
938	$>10^{30}$ ans	+	toutes
939,5	1000 s	0	Ffg
1115	2.10^{-10} s	0	Ffg
$\cong 1190$	$0,8.10^{-10}$ s	±	toutes
	$<5,2.10^{-10}$ s	0	Ffg
1315	$2,9.10^{-10}$ s	0	Ffg
1320	$1,6.10^{-10}$ s	−	toutes
1672	$0,8.10^{-10}$ s	−	toutes
1232	10^{-23} s	++	
1470	−	+	toutes
1520	−	−	
−	−	− −	
139,5	$2,6.10^{-2}$ s	±	toutes
135	$0,8.10^{-16}$ s	0	Ffg
549	10^{-18} s	0	Ffg
494	$1,2.10^{-8}$ s	±	toutes
	$0,8.10^{-10}$ s		
	ou $5,2.10^{-8}$ s	0	Ffg
776		±, 0	toutes, Ffg
776		0	Ffg
783		0	Ffg

F = forte, f = faible, g = gravitation

de tout à l'heure. On sait aujourd'hui que les baryons sont formés de trois quarks, et que les mésons sont formés d'une paire quark-antiquark. En plus d'une charge électrique (qui est fractionnaire, cela a choqué), chaque quark porte une charge qui le rend sensible à l'interaction forte : comme nous l'avons dit, on l'appelle métaphoriquement la couleur. Il existe trois couleurs possibles : disons rouge, vert, bleu, histoire de persister dans l'analogie.

Seules les particules qui sont sans couleur sont observées. Voilà pourquoi on ne peut pas voir de quark isolé (il porterait une couleur bien définie). C'est la superposition de couleurs portées par leurs constituants qui fait que les hadrons sont blancs, c'est-à-dire sans couleur (et donc observables), de la même façon que les atomes sont électriquement neutres. Par l'échange incessant de gluons, qui sont colorés, la couleur des quarks est changée. Confinés à l'intérieur des hadrons, en perpétuelle interaction, les quarks pratiquent en virtuose une sorte de célibat polygamique : ils n'ont qu'une couleur, mais pas toujours la même.

Les quarks sont des fermions, donc de vraies particules de matière. Ils sont au nombre de six. On parle de six saveurs*, qu'on désigne par u (up ou haut), d (down ou bas), s (strange ou étrange), c (charm ou charmé), b (beauty ou beau) et t (top). Attention, ce terme de saveur est trompeur : il ne signifie pas que les quarks aient, comme les mets, quelque arôme ou quelque succulence. La saveur est simplement la charge qui permet de préciser la façon dont les quarks répondent à l'interaction faible, comme le fait la cou-

Début des expériences neutrino au CERN (1963).
Ces inscriptions figuraient sur un blindage en béton près de la chambre à bulles à liquides lourds. Les expériences qui y furent menées ont confirmé l'existence du neutrino associé au muon, ce qui fit couler beaucoup d'encre et aussi – apparemment – beaucoup de champagne. Ce dernier a l'incontestable mérite d'être palpable, contrairement aux neutrinos.
Ph. © CERN.

leur pour l'interaction forte ou la charge électrique pour l'interaction électromagnétique.

L'interaction faible relie les particules de chaque doublet : l'électron à son neutrino, le quark u à son cousin d. En particulier, elle peut transformer un quark u en un quark d, et donc changer la saveur des quarks. Cette capacité qu'a l'interaction faible de modifier la charge qu'elle reconnaît la distingue de l'interaction électromagnétique, qui ne change pas la charge électrique. L'interaction forte, quant à elle, n'est sensible qu'à la couleur, pas à la saveur.

Les hadrons sont formés à partir des six quarks. Par exemple, le proton, qui est un baryon, est formé de deux quarks u et d'un quark d; le neutron de deux quarks d et d'un quark u; le pion π^+, qui est un méson, est formé d'un quark d et d'un antiquark u.

Les quarks b, c, s et t étant beaucoup plus lourds que leurs confrères u et d, ils se désintègrent rapidement en ces derniers. On ne les retrouve donc pas dans les structures stables connues. En 1977, les cinq premiers quarks étaient déjà identifiés. La découverte du sixième, le *top*, fut annoncée le 26 avril 1994 par les physiciens du Fermilab, aux Etats-Unis. La façon dont nous comprenons la matière aujourd'hui rendait ce nouveau quark absolument «indispensable» aux yeux des théoriciens. Il fait en effet partie intégrante de ce qu'ils appellent leur *modèle standard**(voir p.81). Mais, depuis vingt ans, ce quark restait comme caché derrière sa masse, qui est énorme puisqu'elle vaut celle d'un atome d'or! De l'ordre de 170 fois la masse du proton, cette masse était à la limite des possibilités des machines en fonctionnement, jusqu'à ce que l'accélérateur du Fermilab atteigne le «top niveau». Fait remarquable : la masse du *top* avait été calculée avant sa découverte, grâce à des mesures très fines sur des processus où il n'apparaissait que de façon «virtuelle» (en particulier au LEP).

Des histoires de familles

A chaque seconde, chaque centimètre carré de notre peau est traversé par plusieurs dizaines de milliards de particules, sans même que nous nous en apercevions. Ce sont des neutrinos, qui interagissent si faiblement avec la matière qu'il faudrait une épaisseur d'une année-lumière de plomb pour arrêter la moitié de ceux qui la traverseraient. On conçoit que pareils faisceaux fantômes soient difficiles à détecter.

L'existence des neutrinos avait été prédite en 1932, pour sauver le principe de la conservation de l'énergie que les phénomènes de désintégration β ne semblaient pas respecter. Il a suffi à Pauli d'imaginer qu'une particule invisible, le neutrino justement, s'échappait en emportant l'énergie manquante pour remettre les choses en ordre. A cause de sa colossale discrétion, le neutrino ne fut découvert qu'en 1953, par Cowan (décédé en 1974) et Reines (prix Nobel 1995).

Les neutrinos sont des fermions, de charge électrique nulle. Naïvement, on s'attendrait à ce que tous les fermions aient une masse puisque ce sont de vraies particules de matière : en particulier, ils sont mutuellement impénétrables. Or, dans le cas des neutrinos, la question de leur masse n'est pas tranchée. Ce qui est sûr, c'est que, s'ils en ont une, celle-ci est très faible (moins de quelques eV pour le neutrino associé à l'électron, à comparer au 0,5 MeV de l'électron lui-même). Mais en ont-ils vraiment une ? Cette excellente question a des résonances en cosmologie : les neutrinos étant les particules les plus nombreuses dans le cosmos, le seul fait qu'ils aient une masse influencerait le destin à long terme de l'Univers, contrôlé par la gravitation. Ces êtres discrets ont donc certainement leur mot à dire sur la question de savoir si l'Univers est ouvert ou fermé (dimanches compris). Son expansion se poursuivra-t-elle indéfiniment ou bien sera-t-elle suivie d'une recontraction? Cela dépend de la densité moyenne de l'Univers, selon qu'elle est suffisante ou non pour « retenir » l'Univers par gravitation.

Les fermions sont les constituants fondamentaux de la matière. Il y a d'un côté ceux qui sont sensibles à l'interaction forte : ce sont les six quarks qui entrent dans la composition des hadrons et que nous venons de présenter. De l'autre côté, il y a les fermions qui sont insensibles à l'interaction forte ; ce sont les leptons, qui sont six eux aussi : l'électron, ses deux cousins plus lourds (instables), le muon (découvert en 1937) et le tau (découvert en 1975) et leurs neutrinos associés (voir tableau p. 116).

Six quarks, six leptons, voilà une équité parfaite à partir de laquelle on peut fonder trois familles, structurées en doublets. Cette classification n'est pas arbitraire : elle découle d'arguments de symétrie que nous ne détaillerons pas ici. Chaque famille contient un lepton chargé, par exemple l'électron, son neutrino associé v_e, et deux quarks (u et d). Et bien sûr les antiparticules correspondantes. Le résultat le plus remarquable du LEP a été de montrer, en comptant précisément les modes de désintégration du boson intermédiaire Z^0, qu'il n'existe que trois familles de leptons légers dans l'Univers, en accord avec les prédictions de la cosmologie. Mais pourquoi trois familles? Figurez-vous qu'on n'en sait rien.

Symétrie m'était contée...

Quand une femme commande une salade de fruits
pour deux, elle perfectionne le péché originel.
RAMON GOMEZ DE LA SERNA

On connaît aujourd'hui plusieurs centaines de particules, élémentaires ou non. On s'attend à ce qu'un effectif aussi riche soit d'une redoutable complexité, impossible à saisir. En réalité, les comportements ne sont pas aussi confus qu'on pourrait le croire : lois et régularités abondent. Le concept qui permet cette simplification est celui de symétrie. Il mériterait à lui seul un volume entier.

Prenons un seul exemple, celui de l'électrodynamique quantique. C'est la théorie qui décrit les phénomènes mettant en jeu des électrons, des positrons et des photons. Ses équations ont une propriété qui rappelle ce qui se passe lorsqu'on veut repérer un point à la surface de la Terre : il faut d'abord définir un «point zéro», une origine, à partir de laquelle toutes les positions seront mesurées. Les physiciens doivent faire la même chose dans leurs équations : ils sont obligés d'attribuer arbitrairement une phase au champ qui décrit, par exemple, l'électron (un champ, étant une fonction complexe, possède une amplitude et une phase). Mais, de même que les géographes veulent que la distance entre deux villes ne dépende pas de leur choix du point zéro, les physiciens souhaiteraient que les prédictions de leur théorie ne dépendent pas de la phase qu'ils ont arbitrairement choisie. Ils exigent ce qu'ils appellent une invariance de jauge. Mais s'ils se contentent de décrire simplement des électrons et des positrons libres (sans interaction), leurs vœux ne sont pas exaucés : les résultats des calculs dépendent explicitement de leur choix ! Que faire pour annuler cette fâcheuse dépendance ? Il suffit d'ajouter dans les équations un champ supplémentaire qu'on appelle justement le « champ de jauge » (nous y voilà !). Le mot jauge (en allemand *Gauge*) désignait initialement l'outil avec lequel on contrôlait l'écartement des rails de chemins de fer. En physique, on l'utilise plutôt pour empêcher les théories de dérailler...

Il se trouve (c'est là le miracle) que le champ de jauge qui apparaît ici n'est autre que le champ électromagnétique lui-même ! Ses quanta sont sans masse : ce sont les photons ! Nous voilà en face d'une interprétation inattendue du concept d'interaction : on a ajouté « à la main » un champ, en l'occurrence le champ électromagnétique, afin de préserver la symétrie des équations décrivant les électrons et les positrons et d'ôter tout arbitraire à leurs prédictions ; ce faisant, on découvre qu'on a installé une force couplant les électrons et les positrons, qui est justement la force électromagnétique ! Les particules qui médiatisent une interaction prennent ici un sens nouveau : ce sont les quanta du champ de jauge (les bosons de jauge) qui a été introduit dans les équations afin qu'elles respectent une certaine symétrie.

Le principe d'invariance de jauge est donc très puissant, et aussi très élégant puisqu'il fait la part belle au concept de symétrie. Il a pris une telle importance en physique que nous nous devons de faire sa publicité. Donnons-en d'abord une formulation analogique.

Supposons que nous habitions un village où la cloche de l'église sonne un coup – un coup seulement – toutes les heures. A chaque fois que le village passe à l'heure d'été, chacun de nous doit décaler sa montre d'une heure. Les théoriciens diraient que cela correspond à une transformation de jauge globale car nous changeons tous nos montres d'un même nombre d'heures au même moment. Cela ne révolutionne pas nos habitudes : nous sommes tous encore capables de dire, après ce changement d'heure, dans combien de temps aura lieu le prochain son de cloche. Et la vie continue comme avant.

Imaginons maintenant que la cloche de l'église soit si exacte que chacun de nous l'utilise pour régler sa montre, sans se concerter avec les autres. Chacun choisit, en entendant la cloche, sa propre convention. Marie réglera sa montre à dix heures, Paul mettra la sienne à seize heures. Autrement dit, les montres du village n'indiqueront plus la même heure. Un physicien dirait dans ce cas qu'il y a eu une transformation de jauge locale : c'est à chacun son heure. Malgré cela, tous les habitants du village demeurent capables de faire des prédictions justes sur les instants où la cloche sonnera. La vie, là encore, continue comme avant, du moins tant que les gens ne souhaitent pas prendre de rendez-vous…

Imaginons en effet que Paul veuille voir Marie pour on ne sait quelle affaire (cela ne nous regarde pas). S'ils ne veulent pas se manquer, il leur faut au préalable synchroniser leurs montres, par exemple en se téléphonant.

Cette mise en accord, ce rétablissement d'une symétrie ne peuvent se faire que grâce à une transmission de message, c'est-à-dire une interaction. Dans l'exemple de notre citation, c'est l'échange d'une salade de fruits pour deux qui symétrise les rôles de l'homme et de la femme : ils auront grâce à cela le même dessert (c'est beau, l'amour quantique). Finalement, c'est exactement cela qui s'est passé avec nos équations de l'électrodynamique quantique. Pour synchroniser les phases des électrons et des positrons, il faut que des photons soient échangés, ce qui permet aux particules d'interagir. Ainsi, lorsque deux électrons se rencontrent, l'un d'eux émet un photon virtuel qui est absorbé par le second. On retrouve ici le processus d'échange qui transmet les forces et dont nous parlions au début de ce livre.

Même si ce n'est pas très clair, ce que nous venons de démontrer est qu'une invariance de jauge locale implique des interactions. Réciproquement, on peut se demander si toutes les interactions ne correspondent pas à des symétries locales. Telle est la grande idée des théoriciens qui tentent d'unifier les forces de la nature (Rambo exclu).

Ils ont déjà pu étendre cette notion de symétrie de jauge aux autres interactions, malgré leurs caractéristiques très différentes, et construire grâce à elle une théorie cohérente, *le modèle standard*. Leur démarche (si tant est qu'on puisse la résumer) se déroule en deux étapes.

Ils postulent d'abord l'existence de champs de matière sans interaction (nos positrons et électrons de tout à l'heure), puis supposent qu'ils obéissent à une certaine symétrie (en l'occurrence l'indépendance par rapport à la phase).

Ils exigent ensuite que cette symétrie soit locale, ce qui les oblige à introduire des champs de jauge porteurs des interactions (et donc à postuler l'existence de nouvelles particules).

Ce qui est remarquable ici, c'est non seulement que l'existence des interactions découle d'un principe de symétrie, mais que la forme même des interactions se trouve contrainte par la symétrie. Tout se passe finalement comme si les relations entre les objets devenaient plus importantes que les objets eux-mêmes.

Désormais, le jeu de la grande unification est simple, du moins en apparence. Connaissant les caractéristiques d'une interaction, il reste à deviner la symétrie qui la sous-tend. Une fois que ce travail est fait pour chacune des quatre interactions connues, il faut bâtir une symétrie plus large qui contienne chacune des quatre symétries qui ont été préalablement identifiées. Le théoricien qui trouvera cette symétrie n'aura plus qu'à s'offrir un smoking dans l'éventualité d'un prochain voyage à Stockholm.

Bien sûr, nous mentons lorsque nous disons que ce jeu-là est simple. Il est au contraire d'une extraordinaire difficulté, en particulier à cause de la gravitation qui s'accommode fort mal des principes de la physique quantique. Et il n'y a pas que cela : nous avons parlé de la théorie électrofaible qui unifie les interactions électromagnétique et faible. Sa symétrie, la symétrie électrofaible, réunit, comme son nom l'indique, la symétrie de l'électromagnétisme et celle de l'interaction faible. Elle impose quatre bosons de jauge de masse nulle. Comment se fait-il alors que les trois médiateurs de l'interaction faible (W^+, W^- et Z^0) aient une masse alors que le médiateur de la force électromagnétique, le photon, n'en a pas ? On ne peut comprendre cette différenciation qu'en invoquant une « brisure spontanée » de la symétrie électrofaible, sorte de péché originel qui aurait eu lieu au tout début de l'Univers. Cette brisure ne laisserait subsister qu'une symétrie résiduelle, celle de l'électromagnétisme. Elle est généralement attribuée à un mécanisme énigmatique, le mécanisme de Higgs, par lequel on prétend interpréter l'origine des masses des particules. Il consiste à introduire une nouvelle particule, le boson de Higgs justement, et à bâtir une interaction qui provoque délibérément une brisure de symétrie. Du coup, les trois bosons intermédiaires, qui étaient jusque-là sans masse, en acquièrent une, celle du photon restant nulle ; les deux interactions sont maintenant différenciées et la physique se ramène à celle que nous connaissons.

La théorie électrofaible ne demandant au boson de Higgs que d'exister, elle ne dit rien sur sa masse, sinon qu'elle peut difficilement excéder 1 TeV sans remettre en cause tout l'édifice. C'est justement le domaine d'énergie que couvrira le futur grand collisionneur proton-proton, Le LHC (Large Hadron Collider) du CERN à Genève.

Dès que le mécanisme de Higgs est introduit dans le modèle standard, celui-ci se met à fonctionner comme une horloge, au point qu'on avait pu prédire les masses des bosons intermédiaires bien avant leur découverte. Malgré cela, d'aucuns jugent la particule de Higgs bien peu élégante et lui reprochent son opportunisme. Il reste donc à s'assurer que le mécanisme dont elle est la signature a bien eu lieu, ce qui testerait la clé de voûte du modèle standard, si remarquable par ailleurs.

Voilà, monsieur Waldegrave, voilà pourquoi tant de physiciens voudraient partir à la recherche du boson de Higgs inventé – faut-il le préciser ? – par l'un de vos compatriotes. Et maintenant, champagne pour tout le monde ?

L'acquis de ce siècle en physique des particules :
un modèle standard, à ce jour en plein accord
avec les expériences, mais dont la clé de voûte
reste hypothétique. Une de ses pièces maîtresses
manque au tableau de chasse des collisionneurs :
le boson de Higgs.

Les physiciens rêvent d'unification
et de grandes machines. Auront-ils les moyens
de leurs ambitions ? Ce sera sans doute
à la condition que leur quête soit vécue de façon
plus collective. A-t-on jamais bâti
de cathédrale pour le seul usage des prélats ?

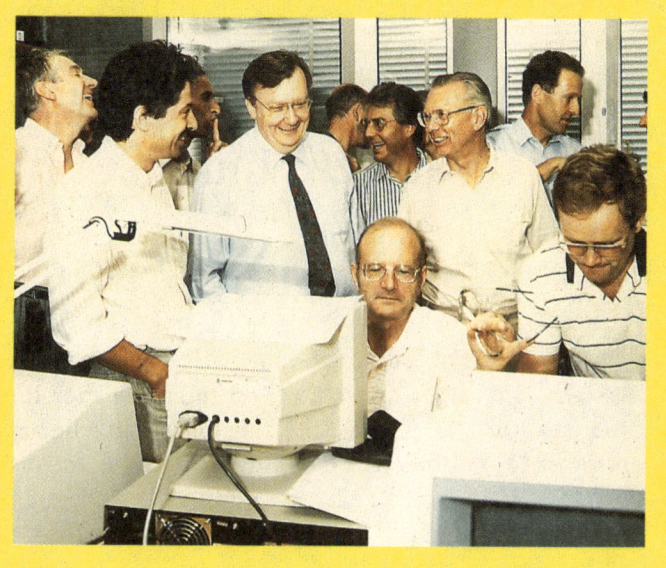

La fin et les moyens

La physique des particules aujourd'hui

Parler de la physique des particules aujourd'hui, c'est envisager son statut actuel, discerner les menaces que son gigantisme fait peser sur elle, et entrevoir les conditions de son avenir. Commençons par repérer la place qu'elle occupe dans le panorama scientifique contemporain.

Une suprématie brillante, aujourd'hui contestée

Dès la fin de la Seconde Guerre mondiale, la physique des particules fut considérée comme la reine des sciences. Elle était la fille aînée de la toute neuve phy-

La salle de contrôle du LEP.
(page précédente)
Photo prise le 14 juillet 1989,
jour symbolique où fut réussie
la première révolution des faisceaux
autour de l'anneau.
Le seul physicien à porter
une cravate est Carlo Rubbia,
l'actuel directeur du CERN,

« découvreur » en 1983 des bosons
intermédiaires et donc prix Nobel.
Qui pourrait dire combien l'avenir
réservera de journées enfiévrées
comme celle-là ? Construirons-nous
dans les prochaines décennies
beaucoup de machines
plus grandes que le LEP ?
Ph. © CERN.

sique nucléaire, qui avait percé les secrets du noyau atomique avec la tragique efficacité que l'on sait. Son aura supérieure détermina fortement l'attitude des physiciens et des hommes politiques à son égard. Son objet étant d'atteindre l'ultime et de produire avec l'astrophysique une cosmologie générale, elle possédait un capital de séduction incontesté qui la protégeait des aléas de l'économie. Tout comme le sport à haut niveau, elle servit même d'arène à une compétition internationale menée, comme toute bonne guerre froide, sur le terrain des symboles. Il suffisait qu'un pays ou un bloc de pays se lance dans la construction d'une grosse machine pour que ses rivaux suivent, un peu comme au poker, menteur ou non.

Depuis plusieurs années, la situation a changé : régulièrement, la physique des particules se voit assez durement attaquée. Naguère *prima donna* abreuvée de crédits et auréolée de prestige, on la soupçonne aujourd'hui d'avoir bénéficié d'une cotation artificiellement gonflée. Confrontée à la concurrence directe des autres disciplines, elle doit maintenant argumenter et se défendre.

C'est qu'en cette fin de XXᵉ siècle, nous ne croyons plus à une classification des sciences par emboîtements successifs, comme au temps d'Auguste Comte. Rares sont devenus ceux qui prétendent qu'on peut tout comprendre du monde qui nous entoure par l'étude exclusive de l'infiniment petit. *More is different*, clame-t-on aujourd'hui. Le macroscopique n'est pas une facile extrapolation du microscopique et le complexe n'est pas l'accumulation du simple. La démarche «constructionniste» (et cartésienne) qui consiste à vouloir comprendre tout niveau de structure en étudiant sa structure plus fine sous-jacente (la cellule à partir des molécules, l'atome à partir des quarks...) ne marche pas. Il importe peu aux biologistes, dans la pratique de leur métier, de savoir que les protons contiennent quarks ou gluons. En revanche, ils ont besoin de forger des concepts qui n'ont pas de contrepartie en physique. Cette impossibilité de construire toutes les disciplines scientifiques à partir d'une seule (qui deviendrait du coup la plus fondamentale) redonne une certaine autonomie à chacune d'elles.

Mais, inversement, une étude exclusive des systèmes macroscopiques n'aurait pas permis d'isoler les constituants fondamentaux de la matière comme a pu le faire la physique des particules. Cela se comprend bien à l'aide d'une analogie : imaginons un extraterrestre, d'une intelligence comparable à la nôtre, qui ne connaisse le monde des humains que par l'observation des foules, celles qui assistent aux concerts des Rolling Stones et aux bals du 14-Juillet. Si le personnage verdâtre en question est vraiment très doué, il devient capable d'expliquer certains des phénomènes qui agitent ces foules, par exemple leur mobilité, les lieux et les circonstances où elles se forment. S'il poursuit avec opiniâtreté ses investigations, il peut découvrir que nos attroupements sont formés d'individus juxtaposés. Mais, muni des seules lois qu'il aura tirées de l'observation des foules, il ne pourra certainement pas comprendre le langage qu'utilisent deux êtres humains pour communiquer ; il faudrait pour cela qu'il les rencontrât isolément. Or, pour autant qu'on puisse user ici de métaphores, les particules sont à la matière ce que les individus sont à la foule.

Nous assistons désormais à ce qui ressemble plutôt à une lutte pour le pouvoir entre disciplines hégémoniques. La physique des particules, comme tous les autres secteurs de la physique, est prise dans la mêlée. Même si elle reste la mieux placée pour révéler le fond du réel, elle ne peut plus invoquer, sans être aussitôt montrée du doigt, une quelconque supériorité hiérarchique. Le temps de l'arrogance aristocratique semble fini, où elle pouvait tranquillement planer, insouciante et prioritaire, dans l'empyrée des idées pures. Plus question aujourd'hui de mesurer la priorité d'une activité de recherche à la seule aune du nombre de GeV qu'elle utilise.

D'autres disciplines, moins cosmiques et plus « terrestres », se sont récemment réveillées (l'informatique, la science des matériaux, la climatologie, la biologie surtout), qui envahissent l'avant-scène et repoussent dans l'ombre la physique des particules.

Il faut dire que cette dernière est victime de ses succès. Voilà plus de dix ans que l'essentiel du travail des physiciens est de tester le modèle standard, qu'ils n'ont jamais pris en faute : toutes ses prédictions se sont révélées exactes aux énergies aujourd'hui accessibles. Il n'y a eu ni scandale, ni révolution, ni surprise ; aucun scoop à annoncer depuis dix ans dans ce domaine. Rien en tout cas qui puisse faire bouillir d'une fièvre durable la communauté des chercheurs. Et d'aucuns de regretter l'effervescence qui a accompagné la lente genèse de la physique quantique dans la première moitié de ce siècle.

Le modèle standard devient moins excitant à mesure qu'il devient plus standard (standard, n'est-ce pas un mot péjoratif ?). L'enthousiasme se fait plus ronronnant, comme si cette physique avait atteint l'âge d'une suprême maturité. Vit-elle son apogée ? Le modèle standard (qui est en réalité beaucoup plus qu'un modèle) est-il la théorie définitive des interactions fondamentales à basse énergie, de la même façon que la physique newtonienne est la bonne théorie de la mécanique tant que les vitesses sont petites devant celle de la lumière ? Certains le croient et le disent, mais encore faut-il le vérifier. Ce qui est sûr, c'est qu'une théorie qui marche trop bien, c'est comme un train qui arrive à l'heure, ça ne fait pas la une du journal de vingt heures (ni même de vingt-trois heures), quelque rare et précieuse soit la beauté dudit train ou de ladite théorie. Les succès remportés au LEP par le modèle standard relèvent donc d'un paralogisme singulier : ils sont un triomphe, mais aussi une calamité. Lorsque aucune faille n'apparaît, dans quelle direction modifier la théorie pour l'améliorer ? Tout irait mieux si le modèle standard n'avait pas de défauts intrinsèques ; on pourrait alors l'extrapoler à de plus hautes énergies, l'universaliser. Or le modèle standard n'est pas la théorie ultime, les théoriciens en sont persuadés et le clament haut et fort : il n'explique pas la valeur des masses des particules et il contient trop de paramètres arbitraires. Cela suffit à justifier leur envie d'aller voir plus loin. Mais, du point de vue diplomatique, on comprend bien que leur dossier ne soit pas idéal : il n'est pas facile de réclamer une nouvelle machine lorsque celle dont on dispose ne démontre que les mérites de la théorie, en cachant ses vices.

Menaces sur les grands instruments

A cela s'ajoutent les reproches récurrents faits à la physique des particules, dont le premier est bien sûr la démesure de ses instruments de... mesure. Des historiens croient avoir remarqué que le gigantisme est le stade ultime et décadent de tout développement. Toute démesure coïnciderait avec les prémices d'un crépuscule : quand on ne sait pas faire mieux, on fait plus grand. Et de citer l'exemple de la construction des grandes pyramides d'Égypte qui ont marqué la fin des grandes dynasties.

Pour justifié qu'il soit dans l'histoire des civilisations, ce reproche devient faible quand on l'adresse à la physique. Ce n'est tout de même pas manque d'inventivité des physiciens si, les lois quantiques étant ce qu'elles sont, ils ont effectivement besoin d'énergies élevées pour observer les phénomènes microscopiques. On ne va pas se mettre à reprocher aux chercheurs d'être gens curieux ! Ça n'est pas non plus leur faute si certaines particules ont une masse élevée et si, pour les étudier, il faut disposer d'énergies correspondant à leur seuil de création. A qui pourrait-on reprocher que le Z^0 soit 180 000 fois plus lourd que l'électron ? Il faut plutôt noter que c'est grâce à l'effort des physiciens que le coût du GeV a considérablement diminué. La question se pose néanmoins, il est vrai, de savoir si on pourra longtemps soutenir cette course aux hautes énergies. L'augmentation des performances en énergie des machines a suivi jusqu'aujourd'hui une croissance exponentielle. Un tel rythme sera-t-il tenable à l'avenir ?

Au début des années 90, deux grands projets étaient à l'étude : le LHC, envisagé au CERN, dans le même tunnel que le LEP (27 km), et le SSC américain, plus grand (80 km) et plus coûteux (plus de dix milliards de dollars). Ces deux projets sont des collisionneurs protons-protons, à aimants supraconducteurs, de 14 et 40 TeV respectivement. Leur ambition ? Trouver la clé du mécanisme de création des masses des particules, dont les physiciens pensent qu'elle agit entre 100 GeV et 1 TeV, et constater si la théorie des interactions est achevée ou non pour les « faibles énergies » (jusqu'à quelques centaines de GeV). Il est en effet admis que l'énergie de ces machines serait suffisante pour confirmer, par la découverte du boson de Higgs, la validité du modèle standard ou, sinon, pour indiquer les voies d'une physique nouvelle. Le 21 octobre 1993, un signal d'alarme fut adressé à la « Big Science », avec l'abandon du projet SSC (trois milliards de dollars avaient déjà été dépensés). Mais après un long suspense, le projet LHC fut, lui, décidé par les Européens, en décembre 1994. Il verra le jour - ouf - au début du prochain siècle.

La construction d'un collisionneur linéaire électron-positron est elle aussi envisagée avec des énergies de l'ordre de 500 GeV. Car les protons ont un défaut : l'énergie mise en jeu lors de leurs collisions mutuelles est d'un ordre de grandeur inférieur à l'énergie des protons eux-mêmes, qu'ils doivent partager entre leurs quarks et leurs gluons. Les électrons et les positrons, n'ayant pas de sous-structure connue, ne présentent pas ce handicap propre aux particules composites. Leurs collisions sont intrinsèquement plus simples et plus propres que celles des protons : au-delà de la mise en évidence d'un nouveau phénomène, elles permettent d'en effectuer une étude systématique (les protons font l'exploration d'un domaine d'énergie, les électrons en font la cartographie fine). Mais, avant qu'une telle machine voie le jour, il faudra que le puissant effort de recherche actuellement mené ait porté tous ses fruits, en particulier dans le domaine des champs électriques intenses capables d'accélérer les électrons : si l'on ne veut pas que cet accélérateur linéaire ait une longueur qui se chiffre en centaines de kilomètres, mais seulement en dizaines, il faudra être capable de transférer aux électrons plusieurs dizaines de MeV par mètre de machine.

La physique des particules ne pourra progresser que si l'on a recours à l'expérience, c'est-à-dire en l'occurrence à la physique lourde, que celle-ci se fasse avec des accélérateurs ou hors accélérateurs (la très prometteuse astrophysique des particules utilise l'Univers lui-même comme laboratoire). Si des particules ne le faisaient pas dans des collisionneurs, ce sont les théoriciens eux-mêmes qui tourneraient en rond ! Sans tests expérimentaux de leurs idées, ils n'en resteront qu'à des conjectures, élégantes certes, mais virtuellement délirantes. On le sait, sans recherche fondamentale organisée, la connaissance se bloque, ou débloque.

Comme la bicyclette qui s'écroule si on cesse de pédaler, la physique des particules n'avance que si on l'active. Il est vital pour la communauté des physiciens que des projets la maintiennent sous tension et dessinent pour elle un horizon. Ce sont bien les grands accélérateurs qui ont fixé son tempo depuis la fin de la guerre.

Ces grands instruments ont radicalement changé le visage de la science. Naguère individualiste, elle tend désormais à valoriser le travail d'équipe et les collaborations internationales ; elle exige une programmation pluriannuelle, une coordination serrée et la mise en place d'institutions nouvelles, toutes choses qui auraient prodigieusement ennuyé des penseurs comme Einstein mais qui sont aujourd'hui inévitables. La science cesserait-elle de devenir une aventure philosophique pour devenir une affaire de puissance ? Celle qu'on pratique dans les grands laboratoires n'est en tout cas pas exclusivement une activité cérébrale. Elle est aussi devenue une affaire d'organisation dont la pratique exige un comportement proche de celui qu'on attribue aux entrepreneurs. Les leaders qu'elle se choisit ont un profil radicalement différent de celui qu'avaient les pères fondateurs de la mécanique quantique, qui travaillaient seuls ou en petits groupes. On annonce que des expériences du prochain début de siècle rassembleront chacune un bon millier de physiciens, provenant d'une centaine d'instituts différents. On imagine mal le taciturne Dirac à la tête de telles armées.

Mais la communauté des physiciens – c'est un fait – s'est fort bien adaptée à cette nouvelle façon de pratiquer la physique, même si c'est sans doute par un processus de sélection naturelle. Sans verser dans trop de lyrisme, on peut dire que la science a réussi ici sa mission la plus haute : celle de rassembler les hommes. Le cas de la physique des particules est même exemplaire : ils ne sont pas si nombreux, les lieux où travaillent ensemble, autour de la même idée, des personnes de nationalités si diverses. Même si le pouvoir fédérateur des grands projets ne va pas jusqu'à supprimer les frontières, il permet, bien souvent, de les oublier. Cela étant, il faudrait être bien myope pour ne pas discerner certains problèmes que pose cette façon de travailler. La dimension des projets a des conséquences importantes sur la vie quotidienne des scientifiques, sur l'enseignement et sur l'avenir même des sciences. A quoi ressembleront les laboratoires du XXIe siècle ? Derrière cette question, d'autres surgissent à la queue leu leu. Les grands instruments sont-ils de bons outils pour former les jeunes chercheurs ? Ces derniers peuvent-ils collaborer de façon créative à des entreprises d'une telle envergure ? Comment mettre en phase les très longs délais de construction des machines avec la carrière de ceux qui y participent ? Lorsqu'une expérience nécessite les efforts conjoints de plusieurs centaines de physiciens, selon quels critères évaluer les mérites de chacun ? Et comment, dans la lourdeur de tels contextes, garder fraîcheur d'esprit et sens de l'initiative ?

Les temps changent

Le fait qu'en dépit d'une forte mobilisation les physiciens américains n'ont pu obtenir le financement du SSC est le signe que les temps ont bien changé. La crise économique s'est installée, réduisant les budgets des États et modifiant leurs priorités. Constatant qu'on ne peut plus tout faire, ni tout financer, les pouvoirs publics réfléchissent à deux fois, parfois plus, avant de refuser ou de consentir les engagements que leur réclament les scientifiques. Le rythme des grands projets se ralentit. Chaque pas demande plus de temps, ce qui prouve la vérité tautologique selon laquelle il est difficile d'accélérer en période de ralentissement.

La conjoncture favorable des « Trente Glorieuses » est derrière nous et la science taxée de « pure » se trouve pénalisée. Il lui est demandé de maîtriser sa propre maîtrise. Ses grands projets sont âprement discutés, plaidés de façon contradictoire et passionnelle. Aucun ne passe plus comme lettre à la poste. C'est qu'ils deviennent non seulement des défis scientifiques et techniques, mais aussi des enjeux politiques et stratégiques. Autrefois, l'État laissait faire la recherche, aujourd'hui il en fait faire. On conviendra que ce n'est pas la même chose. En particulier, les facteurs qui déterminent le développement de la science et de ses orientations échappent en grande partie à ceux qui la font et qui la vivent. Et la recherche se voit restreinte, non plus par des inquisiteurs, mais par des ministres des Finances.

A cela s'ajoute une crise de la recherche gratuite (mais coûteuse) et désintéressée. Bien sûr, cette crise n'est pas neuve. La physique n'a jamais été parnassienne et l'image idéale d'une recherche pure, résultant d'une conception immaculée, est pour l'essentiel chimérique, du genre de celles qui nous viennent d'Épinal. Loin d'être une enclave d'harmonie et de transparence vouée au culte exclusif de l'esprit, la science est prise dans tous les réseaux, politiques, industriels, financiers, stratégiques qui traversent la société. Cela est encore plus vrai pour la science lourde qui, à cause de l'organisation qu'elle suppose, n'est viable que si des choix explicites sont faits en sa faveur et si des moyens importants lui sont accordés. Songeons à Christophe Colomb. Il faisait déjà de la science lourde : ses caravelles n'ont pu partir découvrir le monde que grâce au soutien de l'État ; son aventure mêlait inséparablement ambitions, soif de connaissances, appétit de richesse et rêves de gloire, toutes choses nécessaires aujourd'hui encore pour lancer de grands projets. La connaissance du monde a toujours été mue par un large spectre de motivations, et elle a de tout temps eu besoin de la générosité du souverain. Il n'est pas de curiosité sans coût, ni d'esprit de conquête sans remuement de libido.

Ce qui a changé, c'est qu'il convient aujourd'hui, plus qu'avant sans doute, d'être efficace et rentable. Cela fait que les recherches déclarées sans utilité immédiate ont du mal à justifier leur prétention, d'autant qu'on les questionne surtout sur leur utilité immédiate. A quoi servez-vous ? leur demande-t-on sans cesse, oubliant qu'il n'y a pas forcément de raison à ce qui porte une chance de grandeur. C'est un peu comme si on proposait aux poètes de disserter sur l'utilité des étoiles, des couleurs du ciel d'avril ou de la mélancolie des demoiselles. Se prêtant au jeu, les acteurs de ces recherches essaient de montrer qu'elles aussi sont utiles à la société, qu'elles nouent de fructueux contacts avec l'industrie, qu'elles ont des retombées technologiques impressionnantes. Ils ont des exemples à citer, comme celui des détecteurs de Georges Charpak dont les principes servent aujourd'hui en médecine et en biologie.

Mais il faut bien dire qu'en général la preuve est délicate à administrer à ceux pour qui prime l'aspect financier des choses. La physique des particules est-elle pour autant à la merci d'un coup de gomme budgétaire ? La quête de l'infiniment petit serait-elle passée de mode ? Certains le disent, sans doute à tort. Mais il s'agit maintenant de savoir jusqu'où il convient de financer ces grands équipements. Et nous voilà confrontés à la question de nos désirs, de nos soifs et de nos moyens.

Question brûlante (pas seulement d'actualité) car le fait d'avoir une démarche structurée et rationnelle vers le savoir ou la connaissance relève de choix conscients, non d'automatismes. C'est tout bonnement un acte d'envergure métaphysique. Car au départ de la science, quoi qu'on dise, il y a toujours une pulsion, un credo, une volonté, qui ne sont pas réductibles à la science elle-même. Ni l'esprit de conquête ni le désir de comprendre ne figurent, que je sache, dans la liste des lois physiques, et la foi en la science est d'abord, et surtout, et encore, une foi. Par exemple, penser (comme beaucoup de physiciens) qu'il y a dans la profondeur de la matière une vérité cachée comme un trésor, attendant l'explorateur qui l'exhibera comme une déesse impérissable, c'est adhérer à un pur credo, non à un fait scientifique.

Voilà au passage un joli pied de nez que la moribonde métaphysique adresse à la sémillante physique. Cette dernière a beau être souvent présentée comme l'exorcisme de la métaphysique, elle ne lui échappe pas tout à fait puisqu'on ne peut pas prouver par la physique qu'il faille financer une recherche fondamentale en physique ! Quelle suprématie la physique pourrait-elle revendiquer dès lors qu'elle ne contient pas en elle-même sa propre légitimité ? Ses équations ne disent rien du pourcentage du PIB qu'il convient de lui accorder. Alors, même s'il est, comme nous le pensons, raisonnable de faire de la physique, il faut reconnaître que ça l'est selon des critères qui n'empruntent rien à la physique elle-même. En tant qu'activité intellectuelle et sociale, cette dernière trouve sa légitimité en dehors de ses fonds propres : voilà ce qu'on pourrait appeler un théorème de Gödel de la physique. Si physique on décide de faire, ça n'est pas parce que cela s'impose à nous, mais parce qu'on accorde un sens et une valeur à une telle activité. D'où les seules questions vraies qui nous sont posées : voulons-nous faire de la physique ? Et quel sens cela a-t-il pour nous ?

Penser la science

Les physiciens rêvent d'unification. Quel est le sens de leur quête ? Que vise-t-elle au juste et comment faire pour qu'elle soit partagée ?

L'utopie du Tout

Commençons par une remarque. A la fin du siècle dernier, lord Kelvin, savant éminent, disait ressentir par avance de la pitié pour les futurs physiciens. La physique, d'après lui, étant arrivée à ses fins, et donc à sa fin, ils n'auraient rien eu d'intéressant à étudier. On a vu dans la première partie combien il se trompait. Un peu plus tard, à la fin des années 20, Max Born, éminent physicien lui aussi, racontait à qui voulait l'entendre que « la physique serait achevée dans six mois ». On sait ce qu'il en fut. Et voilà qu'aujourd'hui on parle de la fin prochaine de la physique théorique : la grande unification des interactions étant (paraît-il) sur le point de se faire, les théoriciens n'auraient bientôt plus qu'à se déclarer en chômage technique. Parallèlement à cela, il est prétendument question d'une autre fin, celle – carrément – de l'Histoire !

Le piège où était tombé Kelvin est donc à réamorçage rapide, surtout en fin de siècle. L'idée d'aboutissement est décidément un virus de la pensée, contre lequel il n'est pas de vaccin connu. Pourtant, la liste des problèmes qui restent posés aux physiciens est bien longue, si longue que tout acheminement vers la grande certitude ne pourrait être que ce qu'Edgar Morin appelle une «grossesse nerveuse». De plus, même si tout semblait indiquer que la physique est au bout de sa course, elle n'aurait pas les moyens de le dire elle-même : s'arrêter ne veut pas dire être arrivé, les alpinistes le savent bien. Alors méfions-nous du culte du point final et gardons-nous d'être présomptueux. Jamais les physiciens ne seront définitivement à l'abri d'une nouvelle crise, analogue à celle qui les secoua au début de ce siècle : un fait inattendu, une nouvelle expérience, une meilleure précision des mesures pourraient révéler des défauts dans ce qu'ils considèrent aujourd'hui comme parfait, et réenclencher la marche de la science. Le fin du fin n'est pas nécessairement la fin des fins.

Venons-en à l'unité. Les thèmes sous-jacents aux théories unitaires restent proches de ceux qui animaient les discussions des philosophes grecs, auxquels la tension entre l'Un et le multiple a servi de guide : nos sens nous renvoient un monde constitué d'une variété infinie de choses et de phénomènes mais, pour le comprendre, nous devons y introduire une forme d'ordre, c'est-à-dire un semblant d'unité. De là vient la croyance qu'il existe un principe fondamental, et en même temps la difficulté d'en tirer l'infinie variété des choses.

Beaucoup de penseurs ont incliné au monisme, c'est-à-dire à l'explication des phénomènes à partir d'un seul principe. La science elle-même a toujours tenté d'avancer en reliant entre eux des phénomènes apparemment sans lien. Comprendre le monde, pour un scientifique, c'est le décrire par un petit nombre de lois, c'est ramener la diversité des phénomènes et des apparences aux combinaisons multiples de quelques éléments simples, c'est réduire les innombrables forces qui se manifestent dans l'Univers au jeu complexe de quelques forces de base. Au XVIIᵉ siècle, Newton, à la suite des travaux de Galilée, propose d'expliquer par une même loi la chute des pommes du verger d'en face et le mouvement lointain des planètes. Il réunit ainsi dans une explication commune deux mondes jusque-là séparés par des traditions mythologiques, religieuses et philosophiques : le Ciel et la Terre.

Cet effort de synthèse est un effort métaphysique, qui répond à un besoin de l'esprit, sans doute irrépressible : celui d'unifier, et de relier. Peut-être nous trompe-t-il, l'espérance ne tenant pas lieu de preuve. Il se pourrait qu'en dépit de notre vigilance cet effort nous fasse négliger, à notre insu, une autre tendance de l'Univers : celle, irréductible et insoumise, qui le rendrait réfractaire à tout ordre comme à toute loi, qui le dérouterait imprévisiblement.

Une telle tendance, que Platon appelait « causalité errante », a peut-être l'oreille de l'Univers. Cet Un que nous voulons trouver ne serait-il pas une trompeuse commodité ?

On voit que la question de l'unité en physique, par-delà ses difficultés techniques, en pose d'innombrables autres, de nature plus philosophique. La diversité des phénomènes, la richesse du réel, l'infinie variété des détails, toute cette luxuriance du monde sensible cache-t-elle quelque simplicité ? Pourrions-nous y loger, par l'intellect, quelque arrière-plan simplificateur ? Saura-t-on fracasser le noyau des contingences et des particularités ? Le monde est-il vraiment fait pour aboutir à une belle théorie, unique et bien ficelée ? Et serait-on sûr, si on avait une telle théorie, qu'elle n'oublie rien au bord du chemin ?

Les excès du réductionnisme ont montré qu'on peut très bien mutiler la réalité en voulant trop l'unifier. L'idée d'un savoir absolu n'a de sens que si l'absolu est de l'ordre du savoir, ce que rien ne garantit : qui nous dit que cette unité que nous aurions trouvée n'a pas d'appendices ? et que l'esprit humain n'est pas condamné à des prises partielles sur la réalité ? Il se pourrait qu'une théorie unifiée soit un peu comme le messie : surtout destiné à être attendu !

Il faut donc apporter un bémol aux propos grandiloquents qui sont tenus ici et là sur une imminente « théorie du Tout ». D'abord, parce qu'il reste tout un chemin de découvertes à parcourir entre la physique à 100 GeV (celle du LEP) et celle des tout premiers instants de l'Univers (10^{19} GeV), lorsque la gravitation et l'électromagnétisme jouaient encore des coudes. Quoi que lord Kelvin et Max Born en eussent dit, il y a dans ce défi intellectuel de quoi exciter les chercheurs pour des générations, et de nombreuses révolutions en perspective.

Ensuite, une théorie du Tout ne nous ferait pas pour autant côtoyer l'omniscience. Une telle vision prétendument intégrale du monde ne serait pas *ipso facto* intégriste car elle ne nous permettrait pas de tout calculer : ses équations seraient si complexes qu'elles seraient impossibles à résoudre, sauf dans des cas idéalement simples. Le diable (qu'il ne faut jamais oublier) rôde sûrement dans les détails. Et à propos, comment teste-t-on des équations qu'on ne sait pas résoudre ?

Derrière cette dénomination de théorie du Tout, il y a un abus de langage. Il est illégitime de concevoir un objet qu'on appellerait le Tout et qui n'engloberait pas le mouvement de la pensée qui le pense. Un tel concept est donc un paradoxe, comme nous le savons au moins depuis Gödel.

Une théorie du Tout digne de ce nom devrait pouvoir nous parler de la conscience et de la vie, ce que les théories physiques les plus avancées ne font pas. Et si elles y parvenaient un jour, seraient-elles pour autant lavées du reproche plein de colère que Nietzsche adressait dans *Le Gai Savoir* à ceux qui prétendaient expliquer l'existence par les seules lois physiques :

> *Il faut d'abord refuser à tout prix de dépouiller l'existence de son caractère protéen ; c'est le bon goût qui l'exige, messieurs, le respect de tout ce qui dépasse votre*

horizon! Que seule vaille une interprétation du monde qui vous donne raison à vous, une interprétation qui autorise à chercher et à poursuivre des travaux dans le sens que vous dites scientifique, que seule vaille une interprétation du monde qui ne permet que de compter, de calculer, de peser, de voir et toucher, c'est balourdise et naïveté si ce n'est démence ou idiotie. N'est-il pas probable, au contraire, que la première chose, et peut-être la seule, qu'on puisse atteindre de l'existence, est ce qu'elle a de plus superficiel, de plus extérieur, de plus apparent? Son épiderme seulement? Ses manifestations concrètes? Une interprétation «scientifique» du monde, telle que vous l'entendez, messieurs, pourrait donc être une des plus sottes, des plus stupides de toutes celles qui sont possibles.

Reste qu'unifier les quatre interactions fondamentales est une belle espérance, un grand rêve, et il faut présenter cette espérance avec la considération qu'elle mérite. D'immenses progrès ont été récemment réalisés par les théoriciens, même si la gravitation reste encore impossible à formuler dans un cadre quantique. Tels les paléontologues qui, à partir d'une dent, reconstituent le squelette, ils en sont à envisager les colossales énergies des tout premiers instants de l'Univers, lorsque trois des quatre forces n'en faisaient qu'une. Comme le font toutes les poésies du commencement, leurs spéculations nous font succomber à une fascination trouble : celle des brumes aurorales où le très récurrent problème de la primauté de l'œuf et de la poule revient se jouer de nous.

La science n'est pas la technique

On peut craindre que la volonté d'obtenir toujours plus de résultats expérimentaux n'étouffe la dimension réflexive du métier de physicien. Être savant, ce n'est pas seulement jouer avec de gros instruments et applaudir une ligne budgétaire. C'est aussi réfléchir, méditer les concepts, en créer de nouveaux, saisir leur portée, envisager leur sens. Il ne suffit donc pas d'avoir rendu une science prédictive pour en avoir épuisé le contenu. Dans *Prédire n'est pas expliquer*, René Thom le dit avec des mots qui feront grincer des dents :

> Si l'on réduit la science à n'être qu'un ensemble de recettes qui marchent, on n'est pas intellectuellement dans une situation supérieure à celle du rat qui sait que lorsqu'il appuie sur un levier, la nourriture va tomber dans son écuelle. La théorie pragmatiste de la science nous ramène à la situation du rat dans sa cage.

On a trop souvent négligé de penser la science sous prétexte que « c'est déjà bien difficile de la faire avancer ». Les conséquences d'un tel abandon sont lourdes, aussi lourdes que la science du même nom : le jour où la science ne sera rien d'autre qu'un *faire*, le jour où elle aura perdu tout contact avec ses racines spéculatives et philosophiques, elle sera, sinon complètement tarie, du moins définitivement coupée de la tradition qui l'a portée à son niveau d'aujourd'hui ; la seule pensée technicienne envahira comme un gaz toute la pensée savante, et c'en sera fini de l'authentique esprit scientifique. Il émane déjà de nos sociétés gorgées de techniques un signal inquiétant : le grand public ne discerne plus la science ayant la connaissance pour objectif des applications qui en découlent. La science n'est plus d'abord identifiée comme une source de connaissances ni même comme un des grands stades où l'intellect viendrait affûter sa forme et sa technique. On la confond avec l'ensemble de ses retombées pratiques.

Il faut donc, parallèlement à la physique lourde, revenir à une réflexion ambitieuse sur les fondements de la physique et sur le sens qu'elle a à nos yeux. Il ne suffit pas de dire comment on compte trouver le boson de Higgs, mais aussi pourquoi cette quête-là a une signification pour nous. L'ampleur des projets expérimentaux ne doit pas condamner à un activisme fébrile, peu fécond sur le plan intellectuel. Cela est évidemment plus facile à écrire qu'à faire car « on n'acquiert ni avancement, ni réputation, ni prix Nobel en s'arrêtant », remarquait Simone Weil dans son ouvrage *Sur la science*. Mais souvenons-nous du portrait terrible que José Ortega y Gasset traçait (en 1930 !) du scientifique dans *La Rébellion des masses* :

> *C'est un homme qui, parmi toutes les choses qu'une personne vraiment cultivée devrait connaître, n'est familier qu'avec une seule science, et qui ne connaît même, dans cette science, que cette petite partie sur laquelle portent ses propres recherches. Il en arrive au point de proclamer que c'est une vertu de ne pas tenir compte de tout ce qui reste en dehors du domaine étroit*

qu'il cultive lui-même, et il dénonce comme du dilettantisme la curiosité qui vise à la synthèse de toutes les connaissances. Il arrive que, isolé dans l'étroitesse de son champ de vision, il réussisse effectivement à découvrir de nouveaux faits et à faire avancer sa science (qu'il connaît à peine), faisant ainsi avancer du même coup l'ensemble de la pensée humaine, qu'il ignore résolument.

Cette caricature est évidemment fausse en général. Il nous reste à veiller à ce qu'elle ne devienne jamais qu'exagérée. Car la parcellisation du savoir, grandissante, rend encore plus difficile l'intégration de la science au sein de la société. Prenons garde à ce que, atomisée et tournant le dos à l'humanisme, la science n'apparaisse que comme une accumulation de recettes à l'usage de spécialistes monochromatiques, incapables de rayonner en dehors de la compétence étroite qui leur sert de définition.

Les liens avec le monde

Veille à être esprit.
ÉRASME

Parmi les péchés que l'on voudrait faire avouer à la physique des hautes énergies, il y a celui d'avoir accumulé une immense quantité de données, si luxuriante et disparate qu'il serait presque impossible de l'assimiler et de l'intégrer en une synthèse cohérente. Ce

péché mortel (à terme), René Thom l'appelle «l'hégé-
monisme de la phénoménologie». Seul un très petit
nombre d'esprits étant capables de retrouver un semblant de latin dans ce magma de résultats, le danger
existerait que l'accumulation l'emportât sur la
réflexion, amputant la science d'une partie de son
envergure.

Une telle perspective est effectivement effrayante,
mais est-elle juste ? Non, puisque la critique qui lui est
sous-jacente est réfutée par l'existence même du
modèle standard qui a justement le mérite d'intégrer
toutes les données recueillies jusqu'à maintenant. Le
travail scientifique ayant – ici – porté ses fruits, l'accu-
sation d'avoir péché par «accumulation désaccordée»
tombe un peu à plat.

Parallèlement à cette critique, il est fréquemment
déploré que la physique moderne fasse appel à des
concepts si éloignés de l'expérience courante qu'on en
perd toute intuition sensible et presque tout contact.
René Thom écrit, dans *Prédire n'est pas expliquer* :

> *Du temps d'Archimède, chacun pouvait, dans son
> bain, vérifier la validité de son principe. Aujourd'hui,
> nous n'en sommes plus au point où l'on peut procéder à
> cette vérification par l'expérience immédiate, voire par
> une réflexion élaborée sur une expérience un peu riche.
> Tout va beaucoup trop loin, tout est beaucoup trop
> raffiné. Et je pense que cette élaboration conduit tout de
> même à un certain éloignement du monde tel que nous
> le connaissons immédiatement. C'est certainement
> grave.*

Il y a effectivement une apparente étrangeté de la science vis-à-vis du langage ordinaire et de l'expérience vécue des hommes. Mais il faut accepter cette situation en faisant preuve de fatalisme, et peut-être aussi manifester de l'admiration. Cette complexité n'est-elle pas l'écho des innombrables *eurêka!* que les physiciens ont poussés depuis Archimède? Ne faut-il pas y voir une conquête plutôt qu'un parti pris? L'extension de la physique vers des conditions très distantes de nous dans l'espace et le temps mérite d'être regardée comme une victoire de l'esprit. Mieux encore : elle est dans le sens même du mouvement scientifique qui repousse toujours plus loin les frontières du monde que l'on est capable de décrire. Il n'y a là rien de grave, bien au contraire. Sauf, bien sûr, pour les vulgarisateurs...

Il est donc exagéré de dire que la physique de ce siècle a rompu les liens avec le monde : elle les a simplement tendus pour qu'ils chantent. Encore faut-il, il est vrai, savoir écouter leurs chants et discerner leurs murmures.

Les physiciens, il faut bien en convenir, ont fait preuve de paresse et de négligence : se consacrant presque exclusivement à l'aspect opératoire de leur discipline, se délectant d'informatique et oubliant de s'interroger sur le problème des origines de la physique et des conséquences qu'elle entraîne, ils ont négligé de la faire connaître au sein de la société.

La physique ne mérite-t-elle pas mieux que le jugement extasié que nous portons sur ses retombées technologiques? N'est-elle pas aussi porteuse, comme la science en général, d'une éthique de la connaissance, insuffisamment mise en avant ? Parmi toutes les sphères de savoir ou de pouvoir, y en a-t-il beaucoup qui, comme elle, avouent périodiquement : « je m'étais trompée » ?

Le comble est que la physique a parfois donné l'impression d'être une affaire bien peu intellectuelle, ce qui a apporté de l'eau au moulin de ceux qui, confondant science et technologie, refusent d'accorder au savoir scientifique une place d'honneur dans la culture. Les physiciens n'ont pas expliqué assez tôt au public le contenu, la richesse et la beauté intrinsèque de la science, ni ses enjeux philosophiques. Il n'y a pas que les tout derniers résultats qui soient intéressants : la mécanique quantique, qui a l'âge d'être grand-mère, attend toujours qu'on la fiance à la culture générale.

Il devient urgent de montrer que, prise dans son entier, la physique est un véritable levain de culture, qu'il faut raconter et expliquer davantage. Bien sûr, cette tâche n'est pas simple et on peut trouver des excuses au retard des physiciens dans ce domaine.

La première, c'est que la physique moderne n'est pas transcriptible *in extenso* en langage courant puisque les concepts familiers n'y ont plus cours. Il faut donc avoir une grande capacité d'invention pour arriver à expliquer ses théories de façon compréhensible par tous. Il est regrettable que cette qualité-là n'ait pas été suffisamment appréciée au sein de la communauté scientifique. Elle a même été parfois dénigrée au nom d'un réflexe de type « tour d'ivoire », selon lequel l'admiration ne devrait commencer que là où la compréhension finit !

La deuxième difficulté vient des reproches que l'on adresse aux scientifiques qui parlent de science au grand public ; par exemple, de répandre un savoir qu'ils n'ont pas eux-mêmes élaboré et dont ils ne sont que les experts ou les dépositaires. Ceux qui parlent de science, c'est un fait, ne sont pas nécessairement ceux qui la font avancer. Mais cette appropriation du savoir n'est-elle pas propre à l'ensemble des scientifiques ? L'équation de Dirac, dont nous avons parlé, n'appartient-elle pas (comme la science dans son entier) à tous ceux qui ont fait en eux-mêmes l'effort de la comprendre ? Il est vrai que, par le biais d'injustes mécanismes de transfert, ceux qui exposent la science finissent par incarner ce dont ils parlent aux yeux du public. Ce phénomène de personnalisation, inévitable semble-t-il, crée une ambiguïté bien réelle, mais inhérente à la communication. Il sera donc difficile de la supprimer. Ce qui apparaît aujourd'hui, c'est que la société a besoin de mieux connaître la science, ses méthodes et son contenu. La question qui est maintenant posée à la communauté scientifique est de savoir si elle accepte ou non de parler à l'extérieur d'elle-même. Est-elle prête à ce que certains de ses membres deviennent ses messagers hors de son territoire ? On fait un autre grief (mais peut-être est-ce le même ?) aux scientifiques qui vont au contact du public : celui d'échapper, par contournement, au jugement de leurs pairs, et de bénéficier de critères d'appréciation moins rigoureux, ou d'une tout autre

**Abstraction
et communication.**
*La physique des particules
est des plus abstraites,
ce qui n'empêche pas certains
physiciens de réussir à en parler
aussi avec les mains.*

*Ici l'inoubliable Richard Feynman,
pédagogue hors pair, père
de l'électrodynamique quantique
et donc prix Nobel, donnant
une conférence dans le grand
amphithéâtre du CERN, en 1965.
Ph. © CERN.*

nature. Ce reproche, évidemment, est fondé. Mais est-il grave ?

Last but not least, jusqu'à très récemment, les médias ne s'étaient guère montrés coopératifs. Certes ils ont des exigences, des modes de fonctionnement et des méthodes qui ne sont pas les mêmes que ceux de la science. Mais il faudra bien organiser un jour une grande rencontre science-société, ou beaucoup de petites.

Une crise affecte le projet scientifique moderne dans ses fondements, comme si nos sociétés étaient victimes du même désenchantement que Faust. Au moment même où elle triomphe, la science se voit confrontée au problème du sens qui est le sien. Cette interrogation se métamorphose souvent en une critique de la science. Bien sûr, ce phénomène n'est pas d'une torride nouveauté : plus de trois siècles av. J.-C., en Chine, un recueil taoïste proclamait déjà : « C'est l'amour de la science qui a répandu le désordre dans le monde. » L'homme ne se refait pas, ni ne réinvente ses peurs. Mais cela n'est pas une raison pour tolérer que le sens de l'entreprise scientifique continue d'apparaître à la conscience commune comme quelque chose qui lui reste extérieur.

Même si l'ignorance joue souvent un rôle déterminant dans les réactions antiscientifiques, celles-ci ne sont pas toutes naïves. Si l'homme n'accepte plus la science, c'est peut-être bien parce qu'elle ne fait pas partie de la culture. La science est tout bonnement face à un problème d'intégration.

Pour conclure

Après un siècle de progrès sans précédent en physique, nos contemporains continuent d'ignorer ses plus beaux résultats, et ils sont – parallèlement – de plus en plus nombreux à consulter astrologues et voyantes, déposant dans leurs officines des sommes qui suffiraient à financer – par exemple – le LHC. Il y a là, pour les physiciens, quelque chose qui ressemble à un échec. Heureusement, il n'est pas insurmontable et cela devrait les stimuler. Pour que la physique devienne objet –ou plutôt sujet – de culture, il faut qu'elle se montre, s'exhibe, s'explique, et surtout témoigne de sa capacité à nourrir l'intellect aussi bien que l'imaginaire. Il n'est pas nécessaire, pour cela, qu'elle s'enrobe d'ésotérisme ou s'attelle de paranormal, puisque, dans son expression orthodoxe, elle est déjà le lieu des plus grands étonnements. Le mot grec *theôrein*, qui a donné théorie, ne veut-il pas dire contempler, méditer, mais aussi voyager? De fait, la physique nous transporte, tels des touristes déroutés et hagards, en des mondes étranges où nos sens et nos intuitions, pris de vertige, perdent leurs marques. Pour peu qu'on agrémente ce voyage de commentaires et d'un peu de mise en scène, il devient aventureux, pimenté, fascinant et plein de rebondissements. Et puis, à défaut de transmettre un savoir, on peut au moins transmettre une passion.

L'avenir appartiendra aux pédagogues avisés et enthousiastes qui sauront faire de la science un jeu de société.

A quand des paris dominicaux sur la masse du boson de Higgs?

Chamonix, août 1993

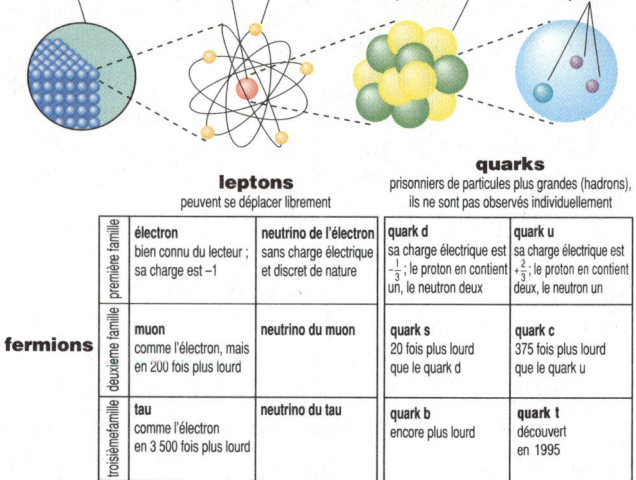

	leptons peuvent se déplacer librement		quarks prisonniers de particules plus grandes (hadrons), ils ne sont pas observés individuellement	
première famille	**électron** bien connu du lecteur ; sa charge est −1	**neutrino de l'électron** sans charge électrique et discret de nature	**quark d** sa charge électrique est $-\frac{1}{3}$; le proton en contient un, le neutron deux	**quark u** sa charge électrique est $+\frac{2}{3}$; le proton en contient deux, le neutron un
deuxième famille	**muon** comme l'électron, mais en 200 fois plus lourd	**neutrino du muon**	**quark s** 20 fois plus lourd que le quark d	**quark c** 375 fois plus lourd que le quark u
troisième famille	**tau** comme l'électron en 3 500 fois plus lourd	**neutrino du tau**	**quark b** encore plus lourd	**quark t** découvert en 1995

fermions (colonne de gauche)

bosons fondamentaux qui assurent la transmission des forces

photon (force électromagnétique)	8 gluons (interaction forte)	bosons intermédiaires W⁺, W⁻, Z° (interaction faible)

boson de Higgs — responsable de la «brisure de symétrie électro-faible» **WANTED !**

Source : CEA.

Les familles des particules élémentaires et les bosons fondamentaux.

Les vraies particules de matière sont les fermions fondamentaux. Celles qui sont insensibles à l'interaction forte sont des leptons. On en connaît six, trois chargés et trois neutres (les neutrinos). Celles qui sont sensibles à l'interaction forte sont les quarks, au nombre de six eux aussi. Le modèle standard regroupe, grâce à des arguments de symétrie, ces douze fermions en trois familles, contenant chacune deux leptons, un chargé et un neutre, et deux quarks. A chacun d'eux il faut ajouter son antiparticule, de charge opposée.

Les bosons fondamentaux sont les particules qui médiatisent les quatre interactions connues aujourd'hui. Ils n'ont pas le même comportement que les particules de matière. Enfin, l'hypothétique boson de Higgs, briseur énigmatique de la symétrie électrofaible, hante les rêves des physiciens.

A N N E X E S

Glossaire

Accélération : taux auquel la vitesse d'un objet se modifie au cours du temps, soit en direction, soit en intensité.

Antiparticule : à toute particule est associée une antiparticule, de même masse, de même spin et de charge électrique opposée. L'existence de cette « antimatière », confirmée par l'expérience, s'imposait d'un point de vue théorique.

Baryon : particule massive de spin demi-entier et soumise à l'interaction forte. Un baryon est composé de trois quarks.

Big-bang : modèle d'après lequel l'Univers a d'abord connu des conditions de température et de densité très élevées, qui se sont atténuées au cours de son expansion.

Boson : particule (élémentaire ou composite) de spin entier ou nul, n'obéissant pas au principe d'exclusion de Pauli. Les médiateurs des quatre interactions fondamentales (graviton, photon, W^+, W^-, Z^0 et gluons) sont des bosons élémentaires. Le boson de Higgs (pas encore découvert) prétend, quant à lui, expliquer comment les bosons intermédiaires W^+, W^-, et Z^0 ont acquis une masse.

Chambre à bulles : le principe de la chambre à bulles repose sur le fait suivant : on peut empêcher un liquide de bouillir lorsqu'on le chauffe, en le maintenant sous pression (comme l'eau dans une Cocotte-Minute). Si on relâche brutalement la pression, le liquide ne se met pas instantanément à bouillir : pendant quelques millièmes de seconde, il reste dans un état « métastable » dans lequel la moindre perturbation locale suffit à faire démarrer l'ébullition. Ainsi, lorsqu'une particule chargée

électriquement traverse un tel liquide, elle laisse une petite traî-
née de bulles le long de sa trajectoire. On prend une photo de
cette ligne de bulles, puis on rétablit la pression (à l'aide d'un
piston) pour éviter l'ébullition généralisée. A partir d'une pho-
tographie des lignes de bulles, on peut relever les trajectoires et
en déduire certaines propriétés des particules.

Champ : «entité» décrite mathématiquement à travers l'espace
et le temps, à la différence d'un corpuscule localisé en un point
précis.

Chromodynamique quantique : théorie moderne de l'interaction forte qui concerne les hadrons. Ces particules consti-
tuées de quarks et d'antiquarks interagissent en échangeant des
gluons. Le mot «chromodynamique» est dérivé de la «couleur»,
charge que portent les quarks et qui détermine leur comportement vis-à-vis de l'interaction forte.

Collisionneur : accélérateur dans lequel on réalise des collisions entre particules provenant de faisceaux circulant en sens
inverse. Un collisionneur peut être soit linéaire (en ligne
droite), soit circulaire. Dans les deux cas, il coûte cher.

Constante de couplage : nombre qui traduit la «force de la
force».

Couleur : voir chromodynamique quantique.

Dualité onde-corpuscule : représentation quantique du fait
que les particules présentent des caractéristiques qu'on croyait
réservées aux ondes.

Effet Compton : lorsqu'un photon entre en collision avec un
électron, il cède un peu de son énergie à l'électron. Sa longueur
d'onde augmente.

Électron : particule élémentaire légère (0,511 MeV) de charge
électrique négative, entrant dans la composition des atomes.
Les interactions entre électrons d'atomes voisins déterminent
les liaisons chimiques qui associent les atomes en molécules.

Étrangeté : saveur du quark étrange s. Dire d'une particule
qu'elle est «étrange» ne veut pas dire qu'elle est spécialement
bizarre. Cela signifie simplement qu'elle contient un quark s (ou
son antiquark).

Fermion : particule de matière, de spin demi-entier : quarks et électrons sont des fermions élémentaires, protons et neutrons des fermions composites.

Gluon : voir chromodynamique quantique.

Hadron : particule sensible à l'interaction forte. La famille des hadrons se subdivise en celle des baryons et celle des mésons.

Interaction électromagnétique : interaction qui est à la base de tous les phénomènes électriques, magnétiques, optiques, chimiques. Elle est omniprésente en physique des particules.

Interaction faible : elle régit certains phénomènes de radioactivité. De très courte portée, elle est transmise par échange d'un des trois bosons intermédiaires, W^+, W^-, ou Z^0.

Interaction forte : elle assure les liaisons entre quarks et maintient ensemble les nucléons (composés de quarks) dans le noyau des atomes.

Interaction gravitationnelle : interaction toujours attractive, de longue portée, mais d'intensité très faible. Elle concerne toutes les particules.

Invariance de jauge : invariance par des opérations de symétrie, qui sert de principe unificateur au modèle standard. Toutes les interactions obéissent à un principe d'invariance de jauge.

Isospin : l'interaction forte, peu regardante sur la charge électrique, ne voit pas de différence entre un proton et un neutron. Le concept abstrait d'isospin a été inventé pour traduire cette symétrie entre nucléons. Le proton et le neutron forment un «doublet d'isospin».

Kelvin : unité de température, dite absolue. Pour convertir des kelvins en degrés Celsius, il faut leur soustraire 273.

Lepton : Fermion élémentaire insensible à l'interaction forte. Les leptons chargés participent aux interactions faible et électromagnétique. Les leptons neutres (neutrinos) ne participent qu'à l'interaction faible.

Longueur de Planck : longueur (environ 10^{-35}m) en deçà de laquelle les effets quantiques ne peuvent plus être négligés dans la théorie de la gravitation.

Méson : particule composée d'un quark et d'un antiquark, de spin nul ou entier.

Modèle standard : théorie qui intègre trois des quatre interactions fondamentales : la faible, l'électromagnétique et la forte.

Neutrino : lepton neutre, ne participant qu'à l'interaction nucléaire faible. Il y a trois types de neutrinos, associés chacun à un lepton chargé (électron, muon et lepton tau). Leurs masses ne sont pas connues avec précision.

Neutron : un des constituants du noyau, composé de trois quarks (deux d et un u), de charge électrique nulle et de masse égale à 939 MeV.

Nucléon : proton ou neutron. L'interaction forte ne fait pas de différence entre ces deux constituants du noyau atomique.

Particule α : noyau d'hélium, chargé deux fois positivement, composé de deux protons et de deux neutrons.

Photon : particule de lumière. Elle véhicule l'interaction électromagnétique au niveau élémentaire. Sa masse est nulle.

Pion : famille de particules, qui comprend trois membres : π^+, π^0, π^-.
Les pions sont des mésons, composés d'un quark et d'un antiquark.

Physique quantique : formalisme qui sous-tend toute la physique contemporaine (à l'exception de la théorie de la gravitation). L'efficacité de ce formalisme et son accord avec l'expérience sont tout à fait remarquables, mais il subsiste des interrogations sur l'interprétation qu'il convient d'en faire. On ne sait pas clairement, par exemple, ce que signifie «faire une mesure» sur un système physique.

Positron : antiparticule (chargée positivement) de l'électron.

Principe d'exclusion de Pauli : principe quantique (établi par le physicien W. Pauli en 1925) interdisant à deux fermions d'occuper le même état quantique. Il ne s'applique pas aux bosons.

Principe de Heisenberg : ce principe quantique rend compte du fait qu'on ne peut pas mesurer exactement et simultanément la position et la vitesse d'une particule. Il est une traduction de la dualité onde-corpuscule.

Proton : un des constituants du noyau (avec le neutron). Il est formé de trois quarks (deux *u* et un *d*).

Quark : le mot, en lui-même, ne veut rien dire. Il a été choisi pour désigner les constituants des hadrons. Les quarks peuvent participer à toutes les interactions puisqu'ils ont une charge électrique (interaction électromagnétique), une saveur (interaction faible), une couleur (interaction forte) et une masse (interaction gravitationnelle).

Relativité restreinte : théorie élaborée par Einstein en 1905, qui introduit le concept d'«espace-temps» en remplacement des concepts jusqu'alors séparés d'espace et de temps. Elle a comme conséquence l'équivalence de la masse et de l'énergie. Une particule est dite «relativiste» lorsque sa vitesse n'est plus négligeable devant celle de la lumière.

Résonance : hadron instable, de très courte durée de vie, se désintégrant par interaction forte.

Saveur : propriété des quarks permettant de les distinguer en six catégories (*u*, *d*, *s*, *c*, *b*, *t*). La saveur caractérise l'influence de l'interaction faible sur les quarks.

Spin : propriété interne des particules, analogue mais non identique au concept habituel de «rotation sur soi-même».

Symétrie : opération appliquée à un système physique, qui le laisse invariant ; le système reste identique à ce qu'il était avant l'opération.

Vide : le vide est la grande interrogation de la physique contemporaine. Il n'est pas défini comme un «néant», mais comme un état d'énergie minimale. Il contient des champs correspondant à des particules qui deviennent observables si de l'énergie est fournie. Les grands collisionneurs actuellement en projet dans le monde permettront de mieux connaître la structure du vide.

Bibliographie

L'atomisme

SCHRÖDINGER, E., *La Nature et les Grecs*, précédé de «La Clôture de la représentation» par M. Bitbol, Le Seuil, 1992.

COMTE-SPONVILLE, A., *Une éducation philosophique* (voir en particulier le chapitre «Qu'est-ce que le matérialisme?»), PUF, 1991.

Physique quantique
le concept de réalité en physique

LÉVY-LEBLOND, J.-M., BALIBAR, F., *Quantique, Rudiments*, InterÉditions, 1984.

D'ESPAGNAT, B., *A la recherche du réel : le regard d'un physicien*, Paris, Gauthier-Villars, 1979.

D'ESPAGNAT, B., KLEIN, E., *Regards sur la matière*, Fayard, 1993.

La relativité

EINSTEIN, A., *La Relativité*, Payot, 1986.

HOFFMANN, B., *Histoire d'une grande idée : la relativité*, Pour la science, diffusion Belin, 1985.

Les particules élémentaires

FERRIS, T., *La Nuit du temps*, préface de Pierre Léna, Hachette, 1992.

WEINBERG, S., *Les Trois Premières Minutes de l'univers*, Le Seuil, 1978.

COHEN-TANNOUDJI, G., SPIRO, M., *La Matière-Espace-Temps*, Fayard, 1986.

BATON, J.-P., COHEN-TANNOUDJI, G., *L'Horizon des particules*, Gallimard, 1989.

DETŒUF, M., *La Danse de l'univers*, GLACS, 1986 (pour se procurer cet ouvrage, s'adresser directement au CERN).

JACOB, M., *Les Particules élémentaires*, Pour la science, diffusion Belin, 1986.

Unification des forces, cosmologie

DAVIES, P., *Superforces. Recherche pour une théorie unifiée de l'univers*, Payot, 1987.

COHEN-TANNOUDJI, G., *Les Constantes universelles*, Hachette, 1991.

PHARABOD, J.-P., PIRE, B., *Le Rêve des physiciens*, Odile Jacob, 1993.

SALAM, A., *La Grande Unification : vers une théorie des forces fondamentales*, Le Seuil, 1991.

LACHIÈZE-REY, M., *Initiation à la cosmologie*, Masson, 1992.

Références des citations

P. 22 : JUARROZ, R., *XIe Poésie verticale*, Lettres vives, 1990.

P. 104 : NIETZSCHE, F., *Le Gai Savoir*, traduction de A. Vialatte, Gallimard, coll. «Idées», 1980, p. 348.

P. 107 : ORTEGA Y GASSET, J., *La Rébellion des masses*, Stock, 1937.

P. 106 et 109 : THOM, R., *Prédire n'est pas expliquer*, Eshel, 1991, p. 89 et 130.

P. 107 : WEIL, S., *Sur la science*, Gallimard, coll. «Espoir», 1966, p. 203.

Index

Dans la même collection

Sciences

Mais n'oubliez pas, Dominos,
c'est aussi les techniques, la médecine,
l'économie, le droit, la politique,
la société, l'éducation, les arts, la religion...

Ont collaboré à l'ouvrage :

Édition : Catherine Cornu
Recherche iconographique : Marie-France Naslednikov
Illustrations : Fractale
Corrections : Béatrice Lecomte, François Thomas
         et Catherine Houchot

Photo de couverture : © Prof. G. Piragino/
         Science Photo Library/Cosmos

Achevé d'imprimer en mai 1996
sur les presses de
l'Imprimerie Hérissey à Évreux
N° d'éditeur : FC 518702
N° d'imprimeur : 72976
Dépôt légal : novembre 1993